U0520576

越通透，越体面

THE MORE TRANSPARENT

THE MORE DIGNIFIED

乔诗伟 著

中国水利水电出版社
www.waterpub.com.cn
·北京·

内 容 提 要

本书针对年轻人在生活、工作、情感、社交等方面的困惑，对具有共鸣感的事例进行了解读，并提出了认真生活的时候便可忘却烦恼、要敢于放下不可挽回的人和事、别陷入情绪化的想法里、学会拒绝讨好式的交际、让人生拥有另外一种可能等观点，以让读者从容自信、豁达通透，活出别样的人生。

图书在版编目（CIP）数据

越通透，越体面 / 乔诗伟著. -- 北京：中国水利水电出版社，2021.11
ISBN 978-7-5226-0177-9

Ⅰ. ①越… Ⅱ. ①乔… Ⅲ. ①人生哲学－通俗读物 Ⅳ. ①B821-49

中国版本图书馆CIP数据核字(2021)第213671号

书　　名	越通透，越体面 YUE TONGTOU, YUE TIMIAN
作　　者	乔诗伟 著
出版发行	中国水利水电出版社 （北京市海淀区玉渊潭南路1号D座　100038） 网址：www.waterpub.com.cn E-mail: sales@waterpub.com.cn 电话：（010）68367658（营销中心）
经　　售	北京科水图书销售中心（零售） 电话：（010）88383994、63202643、68545874 全国各地新华书店和相关出版物销售网点
排　　版	北京水利万物传媒有限公司
印　　刷	天津旭非印刷有限公司
规　　格	146mm×210mm　32开本　8印张　185千字
版　　次	2021年11月第1版　2021年11月第1次印刷
定　　价	49.80元

凡购买我社图书，如有缺页、倒页、脱页的，本社发行部负责调换
版权所有·侵权必究

自 序
preface

写文章这些年,我当过很多人的"树洞",数不清的网友找我倾诉烦恼,或是工作上的,或是感情中的,或是生活里的。按理说,一千个读者就有一千个哈姆雷特,如此多人的困惑也应该处处不同。但诧异的是,这些人根据自身经历提出的问题,除了主题有所区别,过程和结局都大同小异,就连他们的困惑与诉求也惊人地相似。

有的人觉得自己特殊,性情与众不同,动不动就陷入孤芳自赏、自怨自艾的境地,认为没有人能真正读懂自己;有的人想通过一个答案,来解决自己遇到的所有麻烦,从而让复杂的生活简单化,但结果往往大相径庭,简单的问题反而因此变得复杂。如此一来,旧的问题没有解决,新的问题又因为惰怠以及逃避,源源不断地产生。

大家很是疑惑，明明自己懂得那么多的道理，为什么依然过不好这一生？为什么处处都是遗憾？为什么处处都是痛苦？

其实，幸福的人分为两种，一种是人间清醒，知进退，不钻牛角尖；一种是难得糊涂，懂豁达，不为难自己。这两种人遇事待人，既看透，又不说透，自然就能活得通透、活得体面。

而那些活在半梦半醒之间的人，既不愿意清醒，也不愿意"糊涂"，专门与自己作对，不知变通，还害怕暴露弱点。为此，他们不惜死鸭子嘴硬，将自己假装成一个完美无缺的人，四处虚张声势，自欺欺人。有时候，还会像鸵鸟一样将脑袋埋进沙子里，以为看不到问题就没有问题。久而久之，这些人就真的以为自己无所不能，而别人都一无是处。然而，他们越神化自己，越异化别人，就离真实的生活越来越远。

人都是喜欢对号入座的，一旦入戏太久，就容易成为戏里的角色，无法自拔。到最后，或许只是吃下了三分的苦，就有可能夸张成十分，再浪费一百分的力气去博得别人的同情。如此匪夷所思的行径，一辈子都只是在做无用功。

人不应该只活在假象和想象里，那样得来的满足感只是一时之欢！

一个人想要真正活得通透、体面，就一定要有正视陋习和弱点的勇气。而如何让读者认清问题，接受现状，改变自己，就是我写这本书的目的。

乔诗伟

2021年8月写于湖南

CONTENTS

第一章
再忙碌也要捕捉日常快乐

你的被动型人生可真是不幸	002
明天的事不用今天的你操心	010
不要让负能量控制你	015
世上无难事，只要肯放弃	022
至少，让努力与你有关	027
一辈子如此短暂，记得珍惜	033
你偷过的懒，未来会加倍偿还	041

第二章
见过生活凌厉，依然内心向暖

永远相信美好的事情即将发生	046
比道理更有价值的是行动	051
你那么拼命展览生活，累不累	056
千万不要对生活失去耐心	066
你不必与自己的平凡为敌	073
人生哪有那么多别无选择	076
关于"断舍离"，你理解对了吗	082
也许，你从来就没当过千里马	086

第三章
永远不要等别人来成全你

你的考验，对别人是种伤害　　　　092

自爱远比他爱更重要　　　　　　　096

得不到的感情最好放弃　　　　　　102

别害怕孤独，别拒绝勇敢　　　　　108

感情失败，是安全感出了问题　　　112

我爸妈不同意我跟你在一起　　　　116

请给你喜欢过的人一些尊重　　　　124

你是有多小气，只在嘴上说喜欢　　131

第四章
你的付出,请留给值得的人

请你谈一场有回应的恋爱　　　　140

亲爱的,请远离病态型恋人　　　　147

"三观"不合的恋人可以在一起吗　　155

警惕那个没想跟你过一生的人　　　162

现在想来,感谢你的不爱之恩　　　167

找对象,人品到底有多重要　　　　174

有些事情,一辈子难以遇见一次　　179

第五章
往事不回头，未来不将就

千万别辜负每一个当下	188
不要为你的不甘心一直买单	194
如何与爱抬杠的人和谐相处	200
别坚持了，放弃失败的感情吧	209
人生没有如果，选择即是未来	216
让你的人生拥有另外一种可能	221
只有时光逝去，才能让你记住一切	229
努力的人，还在披星戴月的路上	235

▶ 第一章

再忙碌也要捕捉日常快乐

ONE

你的被动型人生可真是不幸

刚上大学时,同学们热衷于参加社团活动,我也不例外。

有一次,我去参加文学社的招新①,有个可爱的婴儿肥姑娘坐在我旁边。我从未见过她,但看到她的那一刻却感到亲切,心如鹿撞。

在整个招新的过程中,我都在思考怎样问她要联系方式。可因为缺乏勇气,我犹豫再三还是没能问出口。

那是我最后一次去文学社,后来的大学四年里,我再也没有遇见她。

没想到,毕业几年后,她出现在我的QQ好友推荐列表里,于是当即将她加为好友。

---

① 招收新成员。

我们聊起来轻松而自然,一点儿也不像陌生人。

我忍不住对她说:"你知道吗?好多年前我们第一次见面时,我就想要你的联系方式了。"

她反问我:"那你知不知道,每次文学社开会,我都去参加,就是希望能够再一次遇见你?可是,你再也没有来过。"

我打趣说:"现在机会又来了,这次我可不想错过。"

她说:"哈哈,本姑娘名花有主了,谁让你和我有缘无分呢!"

她的回答让我深感遗憾,如果我当初能主动一点儿就好了,可现实是残酷的,生活里从来没有如果。

现实生活中,如我这般经历的人还有很多,因为怕白费力气、怕毫无所获、怕被人否定而不敢去追求,最终以遗憾收场。

好朋友梨花与一个男人聊得火热,他们脾性相合、志趣相投,很快就确定了恋爱关系,而且经常在微信朋友圈里秀恩爱。梨花说,在这之前有不少人喜欢她,但是那些人从未对她有任何行动来示好。当梨花开始在微信朋友圈秀恩爱时,那些在她微信朋友圈"潜水"的男人突然全跑出来告白了。

梨花对此很是疑惑:喜欢一个人干吗不早点说出来?难道非要等抱憾终生才好受吗?

梨花向我形容她当时的感受：在她单身时，他们无动于衷，等到他们觉得不说出口就来不及的时刻，其实已经来不及了。

你看，处于被动的人，在态度上悲观消极，在事业或感情的选择面前胆小怯懦、扭扭捏捏；想要结果，却偏偏不敢迈出第一步，然而事后面对定局，又要对未竟之事表示悔恨。

那为什么在时间充裕时，不去尝试一下主导人生呢？就好像是给了你一份考卷时，你犹犹豫豫，一字不写，可是时间不等人，也没有人会一直在原地等你，当别人填上名字比你更早交出答卷时，什么也没写的你会是什么感受呢？

给你多项选择的人生你不要，你偏偏将它做成了单项选择题，自然无法避免遗憾。

2017年8月，我和朋友开了一家烧烤店。夜里打烊后，我会写写客人的故事，生活饱满且充实。

有一次，朋友老夏来店里吃烧烤，点完单他没有回桌，而是站在我的旁边沉默良久，突然开口问我："你抑郁过吗？你有没有觉得这个世界很无趣？"

一听老夏的问题，我就知道他正处在一个生活不太如意的阶段，也许是工作上的烦恼，或者是感情上的诸多不顺，导致他茫然无措。

果然不出我所料，老夏向我大倒苦水，他觉得日子枯燥无味，生活中没有一件值得开心的事情发生。

透过这些话，我在老夏脸上看到了深深的疲惫和浓浓的失落。

曾几何时，我发现生活没有过成自己憧憬的样子，也像老夏一样抑郁、消极，并将不快乐归咎于自己的不幸运。后来，我才发现所有的不幸源于我的被动，当我看到身边的朋友越过越好，而我的生活还在原地踏步时，大量的焦虑开始在我心中积压，犹如即将喷发的火山。

这一切是为什么呢？是我不够努力吗？明明我每天都过得很辛苦啊！

然而真相是，那些如我一般的人每天朝九晚五的辛苦只是假象，因为自身的被动，根本没有找到正确的方式来面对世界的考验，导致付出远远大于收获。

那时，只要没有人在身后推我，我就会停滞不前，这也是被动型人群的常态——生活缺乏自我驱动力，只知道被压力催着往前走。

我在岳阳的一家报社做过见习记者，编辑部主任安排我跟着一位资深记者学习。我天天傻坐在办公椅上，等着资深记者来教我采访、写新闻稿，可我等了他好久，他也没有来教过我任何事情。

因为缺少工作经验，我没写出多少篇合格的新闻稿，整整三个月下来，每月拿到手的工资只有两千多元。

这让我从心底埋怨这位资深记者。到后来辞职时，我才突然醒悟，自己为什么要这么被动呢？我明明可以主动去学习，他不教我，我可以去看专业书，可以在网上找学习资料，还可以翻阅以前刊发的报纸。可我竟然那么傻，天天等着他来教我。我根本没有资格埋怨他，因为他并没有对我传道授业的义务。

像我这样被动生活的人不在少数，大家敷衍生活、敷衍自己，身处自欺欺人的群体中，看起来似乎没有什么不对，可事实上，最后总是在自食其果。

想到这儿，我对老夏说："你为什么一定要等着快乐发生呢？你既然觉得生活无趣，那就主动去做喜欢的事啊！与其自怨自艾地期待生活好转，不如积极改变，努力提高生活质量。"

老夏闻言恍然大悟："对哦，我怎么就没想到呢？"

这其实是很简单的道理，为什么有些人想不到呢？

可能是因为当局者迷，旁观者清吧！有时候，我们明明往前一步就能靠近山，却妄想让山先走过来。于是，我们花费大量时间和精力等待,那些比我们主动的人早已经披荆斩棘,风风光光地站在了山顶,而我们只能徒增艳羡,无可奈何。

毕竟,一个连往前走一步都不敢的人,估计一辈子也触碰不到远处的美丽风景。

这种被动的习惯意味着惰性深入骨髓,因此,大多数人才喜欢待在舒适区里,幻想现成的美事上门。

虽然这种生活模式不用让人耗费脑筋思考,但选择它的人,很可能庸碌一生。唯有自我驱动,主动地去热爱生活与追求美好,我们的小世界才会变得宽广,才不会沦落为郁气集结的怨土。

而那些被动型的人,消极处世,毫无勇气可言,总是因错失而生遗憾,不得不得过且过,以致人生毫无起色。

也许,主动型的人生,反馈在生活里的不一定全是好事,但一个人如果积极地活着,拥有的快乐就很大可能会超过一个被动型的人。

如果你不想要被动型人生的糟糕,不希望失望纷至沓来,那你一定要化被动为主动,朝积极心态转变,然后尝试主导自己的人生。

以前,我看到肚子上的"游泳圈",想去跑步、骑单车,想要完成自我的蜕变，可是我总希望朋友作伴，朋友不去，我就会宅在家里。然而现在，只要我想做，就不会等有伴了再去实施，毕竟是自己的事情，等别人不仅浪费时间，还容易为自己偷懒创造借口。

以前，我因为不够主动而错过了心仪的女孩子，而现在，我不会胆怯，而会明明白白地告诉对方我的喜欢。我的感情不会藏头露尾，就像一日三餐那样自然。

所以，主动一点儿没有什么不好，只要往前一步，你就能书写一个新的故事，甚至拥有不一样的生活。

明悟这些后，我转变了生活态度，很快，我便感受到了主动型的好处，那是人生一点一点恢复掌控的踏实感。

虽然我在生活中还是会遭遇烦恼，但负面情绪不再顽固难除。我能清晰地感觉到，内心的愉悦正在与日俱增。

在这个转变的过程中，我给自己定了一句话作为行事准则：有益身心事常做，无益身心事莫为。

也许很多人会辩驳：道理我都懂，可是并没有什么作用，因为道理这玩意儿只是听起来不错，却不可能完美做到。

道理描述的通常是完美状态，以现有条件当然没办法完全做到，但是将它作为目标，当成追求美好生活的驱动力，并没有什么坏处。我们每天前进一点点，生活就会改善一点点，既然于己无害，又何乐不为呢？

如果你曾遭遇过诸多不顺，心中充满了遗憾，却不主动寻求改变，而是到处跟人诉说，希望有人理解你的苦楚，然而你的遭遇只能换来别人一句："你的人生可真是不幸！"

那样能对你的惨淡生活提供什么帮助？

还是早点醒来吧，你并不是一开始就不幸，而是你选择了被动生活，才主导不了自己的人生。

明天的事不用今天的你操心

人们总是喜欢将最好的东西留到最后享用，可往往忽略了至关重要的一点：无论哪种最好，它的存在都有一个保质期，会随着保质期的到来，慢慢变质。

为什么人们总是喜欢选择变质的生活呢？他们不知道这会让生活质量降低吗？

他们不是不知道，而是从来没想过换一个选择会让生活变得更好。

例如，你家隔壁小花园开满了漂亮的花，你不去好好欣赏，反而在想明天摔碎了碗怎么办。然后今天的时间全用来担心明天的碗，等到你想欣赏花时，花已经悄悄凋谢了。

例如，身边的恋人对你好，你不和人家好好过日子，反而想着未来某天，他可能会穷凶极恶地对待你。你越想越生气，就跟人家闹分手，觉得他不配拥有以后最好的你。然而等你所谓的最好到来，这份感情却已经进入了冰河期，对方早就因心冷而不再爱你。

这不是傻是什么？

总是将最好的东西藏着掖着，天真地以为能放个大招，结果将每个时间段里最好的拥有都放坏乃至变质。

这不是傻是什么？

拿一袋苹果举例，让我们来看看为什么有那么多人没有好果子吃。

如果说一袋苹果每天只允许吃一个，有一种人，会每天选择吃最好的苹果，那么他能吃完大多数好苹果；而另一种人，每天找出烂了的苹果吃，他想将好苹果留到最后，但好的苹果也会腐坏，所以他吃到最后，连一个完好的苹果都没有吃到。

今天烂了一个，吃这个烂的，明天又烂了一个，又吃那个烂的，周而复始，直至最后，他也享受不到最好的那个苹果。

这满满一口袋的苹果，其实就是人生。

明明可以在最好的年纪选择好好学习，却天天玩游戏、睡懒觉；明明可以选择吵架后和好，却各不相让；明明可以提高生活质量，却不主动改变。

这些消极对待工作的人，就是吃烂苹果的人。

有个在工厂打工的小伙子，一直找不到女朋友，工友就帮着介绍了一个姑娘。姑娘去小伙子住的地方一看，到处都是臭袜子以及乱堆的衣服。姑娘有点受不了，赶紧找了个借口离开，从此再没有跟小伙子往来。

小伙子却认为自己只要有了对象，就能变得干净，然后改掉懒散的毛病，于是天天等着开始恋情，再把最好的自己留给对方。

为什么非得要等到某时候，或者有了某东西之后才去改变呢？现在就让自己有一个好的方式生活不好吗？现在就让自己吃上好苹果不好吗？

为什么非得把所谓的好留在最后呢？做事是如此，谈恋爱也是如此。难道你不知道过了保质期，任何东西都会变质吗？

大多数人都没时间去等待不确定的事情。

你怎么就确信会有人等你变好？

时间那么宝贵，不去琢磨怎么过好当下，反而整天空想未来，难道就不觉得可笑吗？

我小时候特别爱看动画片，但是家里管教严，不让我看电视,以至于我错过了好多动画片。那时候的我暗暗发誓,长大了一定要将动画片看个遍。类似的情况还有买玩具,我还说以后要将小时候买不起的玩具都买个遍。

然而,真到长大以后,当我兴致勃勃地将以前的动画片找出来,却一部也看不下去。我已经不会再为看到这些动画片而欢欣雀跃了。即使我在网上找到以前想买的玩具,也发现再不需要它们了。

我才突然醒悟,每个时间段都有每个时间段想拥有的东西。在这个时间段里你不去得到它,不去使用它,等过了这个时间段,它就对你没有丝毫意义。因为你的心境、感觉都已经发生了变化。

你当初认为很好的事情,随着岁月推移,已经没有想象中那么好了,那我们为何不趁着欢愉还在,早早享受它们带来的快乐呢?

许多老人的生活过于节俭,我虽然能理解他们在过苦日子时养成的这种好习惯,但并不完全认同他们的做法。因为他们总是将买来的水果、肉类藏着而舍不得吃,在冰箱里放了又放,直到放坏。

可每天还是要保证一日三餐的质量的啊。

打个比方，家里买了一个星期的新鲜食材。明明每天可以吃新鲜的，舒舒服服到最后吃完。但他们宁愿吃剩饭剩菜，等吃完，原本新鲜的食材又变成剩饭剩菜，又继续吃，所有新鲜食材最后都成了残羹冷炙。

何苦为难自己呢？明明可以将每一天过得更好，每一天都能吃上新鲜饭菜，为什么非要等到过期变味才吃呢？

那些最好的拥有，捂在手里成为最差、最烂的存在，难道不觉得可惜吗？

虽然缘由来自每个不确定又心惊胆战的未来，但这种不确定并没有在今天发生。

我知道一些人容易焦虑：明天过得不好怎么办？后天过得不好怎么办？未来某一天过得不好怎么办？

但最好的青春留不到最后，最好的感情留不到最后，最好的生活也留不到最后。

我们应当明白：今天的时间属于今天的你，你的责任是将它过好。而明天的时间属于明天的你，无须今天的你过度操心。

不要让负能量控制你

负面情绪的危害主要有两点,一是让你觉得自己不好,二是让你觉得世界对你不好。

这种消极感会摧残人的心灵,使之成为负能量传播者,为了称呼方便,以下简称这类人为负能人。

在生活当中,正常人都有趋利避害的本能,每当看到负能人出现在附近,下意识的反应就是排斥。

大家知道和负能人打交道太耗心神,他们的眼里好似装着深渊,他们的心中仿佛藏着冰山,那种阴暗情绪肉眼可见。一旦靠近他们,正常人只会如鲠在喉、如芒在背、如坐针毡,给精神带来沉重的负担。

如果有亲人、恋人、朋友愿意用热脸贴冷屁股的方式不断开导负能人，哪天负能人不再钻牛角尖，倒也能重获新生。但没有谁有那个时间和精力一直陪伴，所以负能人的生活只会越来越孤独，他们渐渐认为没有人理解他们的感受，甚至不相信自己的生活会美好起来，认定自己不会得到幸运的眷顾。

周末聚会，朋友小顺和我聊天，谈起了自己在亲情上的淡漠。他刚上初中时有个室友，因为想家，晚上躲在被子里流泪。小顺的表现恰恰相反，他从没有想过家。后来小顺上高中、读大学，直到出来工作，回家的次数寥寥无几，依然没有想过家，原因是那个家对他而言并不温暖，那里有他最讨厌的人——父亲。

人人都说家是避风港，但小顺在那里只遇见一场又一场风暴。

基于这点，小顺只想远离父亲，远离这个从不乐观面对生活的人。在小顺的印象中，父亲暴躁易怒，稍有不顺就要砸东西，大到家里的冰箱、电视，小到锅碗瓢盆等物件，全都遭过父亲的毒手。小顺每次看到他暴跳如雷，心中只剩下害怕，只想从这个家逃出来，逃得远远的。

小顺的父亲究竟是不是一个负能人？小顺给我讲了两件事。

第一件事，小顺的堂妹即将读完高中，她有两个选择，一是高考毕业后去读大学;二是去读幼师,当地的学校有名额,他的堂妹如果被录取,毕业后就能当老师。

小顺的父亲在一旁冷笑着说:"别折腾了,我们没有这个好命,就算去了也肯定录不上。"

小顺当时就反驳他:"试都没有试过,你怎么知道不行?"

小顺的父亲当即又说了一遍:"我们没有这个好命。"

第二件事,小顺家里因为建新房,欠了十来万外债,过年吃团圆饭时,小顺妈妈将一年的收入支出进行统计,发现欠账只剩八万,全部还清也就两三年的事,想到这一点,小顺妈妈开心地说道:"太好了!"

小顺的父亲瞬间变了脸色,他将手中的碗筷往桌子上一砸,狠狠地说道:"好什么?你跟我说说好什么?"

他面目狰狞的模样将小顺的妈妈吓得瑟瑟发抖,一句话都不敢再说。

小顺在旁边劝父亲:"以后还有我去工作,家里欠下的钱很快就能还清。你再不高兴,日子照样要过,与其纠结,还不如开心点,这样我们的生活也能轻松一些。"

小顺的父亲咆哮道:"我还需要你教?"

从此以后,小顺的父亲不高兴时,大家也只能板着脸,因为他不开心，别人也必须不开心，如果大家因为什么事笑了笑，小顺的父亲就会用手指着对方的脸大吼："笑什么笑？你有什么资格笑？"

这样的生活太过压抑，让小顺觉得很痛苦，所以他出来工作后，宁愿漂泊在外，独自一人，也不想回家。

小顺的父亲就是典型的负能人，因为生活不顺，就将糟糕的情绪发泄给身边的人。他对生活的抱怨已经成了一股负能量洪流，无时无刻都在爆发。他带来的压抑让家人窒息，久而久之，这个家就变得再无温暖可言。

小顺的父亲是一家之主，却没有想过怎么让家变得温馨，不知道如何让一家人过得快乐。也许他认为只有他在为这个家付出，所以家人都必须接受他的负能量，成为他的减压工具。

这就是负能人最可怕的地方，他们从不想办法解决抱怨的根源，而是自私地让别人分担负能量，甚至会毫无理由地伤害别人。因此，负能人只会火上浇油，让生活变得糟糕。

其实，每个人都会产生负能量，这种事是无法避免的，比如抱怨家境不好，抱怨工资太低，抱怨自己没有得到想要的生活等，但抱怨了那么多，你的问题依然没有得到解决，不是吗？

一旦无法调整好心态，我们就会无休止地抱怨，一天到晚说这不好、那不好，好像自己的生活圈里全是令人讨厌的事情。因此，我们绝对不能被抱怨控制，而应该保护心中的净土，保持对生活的热情。

心态才是左右生活状态的关键因素，如果一直处在消极心态中，人迟早会崩溃。

我在做新媒体编辑的时候，除了负责宣传、策划和采访方面的事情，领导还经常把自己的工作安排给我，尤其是在我的空余时间，不管是早上七八点还是晚上十一二点，他都各种信息、电话"轰炸"我。

领导大大占用了我的时间，让我每天都在超额工作，而我是个生活规律死板的人，一旦节奏被打乱，很多计划内的事情就会被耽误。

因为这事，我心里非常不痛快，满腹的怨念只想找个渠道发泄。于是，我将这一肚子的苦水，都倒给了朋友。后来发展到只要领导麻烦我，我就会跟朋友抱怨这件事。

不过有一天去上班，我突然意识到，自己的负能量不仅没有淡化，反而在加重。我这些不开心，导致身边的人都在担心我。他们看到的我，是一个极度消极、易怒的人，而我竟然在不知不觉中变得这么可怕。

我想要的生活难道是这个样子吗？不是的。我想要的生活，是有所期待、有所希望、有所爱，状态应该积极向上、阳光美好，而不是像现在这样被负能量给控制。

厌恶生活不是我的本意，可我的眼睛里居然看不到半点美好，整天嫌弃这个世界，也嫌弃自己。在这样的情况下，我问了自己两个问题。

第一个问题，这样一直抱怨有用吗？

没用，因为无休止地抱怨对人生无益。很多时候我们都想大倒苦水，发泄心中的愤懑，却不知道适可而止。生活里的苦水是永远倒不完的，与其将别人当作情绪垃圾桶，成为令人反感的负能人，不如坚守本心，寻找内心的愉悦。

第二个问题，抱怨的根源在哪里？

我变得如此负面消极，是因为领导老让我帮他做私活儿，还在非上班时间打扰我的计划。

想通了这一点后，如果领导下班时间再来麻烦我，我都是这样回复他："这不是我的工作，而是你自己该做的事。"

我告诉他："下班、节假日，我有自己的事要去处理，没有时间帮你干活，而且我不是铁打的，也需要休息。"

你看，我所有的抱怨，所有因此而生的负能量，在拒绝领导不合理的要求后消除了，我的世界变得清静，心头的阴霾也一扫而空。

如果你也在每天抱怨生活，陷入负能量的泥淖，那么也请问自己两个问题：

第一个问题，这样一直抱怨有用吗？

第二个问题，抱怨的根源在哪里？

这样一来，你就会找到解决问题的答案，即使暂时解决不了，也有一个方向去努力。

越抱怨，就越烦恼，而闷闷不乐的你，只会得到一个糟糕的世界。反之，用积极的心态去面对生活，那些烦恼将很快烟消云散，你看到的必然是一个美好的世界。

世上无难事，只要肯放弃

固执、钻牛角尖，将自己的生活逼进死胡同，有人误以为这是坚定，并自我感动。其实，这只不过是毫无意义的偏执。

这类人平时喜欢和自己较真，和别人较真，还觉得老天爷跟他们过不去。这种偏执的想法和行为，令他们的生活变得满目疮痍。而我对他们的评价是：庸人自扰。

一次偶然的机会，我在某微信群里结识了蔷薇。蔷薇喜欢跟别人分享自己的感情经历，只要群里有新人加入，她都会有意无意地分享一遍。每次分享，她都要刻意强调自己与初恋男友分手五年了，分手原因是初恋男友移情别恋。在那段黯淡无光的感情里，她受到了很大的伤害，简直痛不欲生，但是直到如今依然放不下初恋，也没再开启过新恋情。

听过蔷薇这段感情经历的人，几乎都会捧场夸她一句痴情，同情她跨不过那道坎。

在一片感叹嘘唏声中，不知道是不是我的错觉，我感觉蔷薇有些自得，她好似在用自己的悲痛宣扬："这世上，如我一般痴情的人不多了，我是不是很了不起！"

一想到蔷薇用一个与她早已无关的人来展示自己的痴情，我由此而生的悲哀不免又加重了几分。

一开始，蔷薇的放不下的确是因为痴情，但随着时间的推移，这种放不下渐渐成了她的寄托和习惯。很多时候，蔷薇不是真的痛不欲生，而是在表演痛不欲生，这能让她在失去的痛苦中补偿自我，使得她从一个被抛弃的可怜人，成为被大众怜惜赞叹的痴情女。毕竟，用一段不怎么美好的感情换一个好听的标签，看起来很划算。

但是，为了美化狼狈的过去和悲痛，故意将三分苦夸张到十分，未免有些可笑。如果她早早放弃痴情人设，不再从别人的同情中寻求自我感动，也许，她早就可以遇到对的人，并与其开始美好新生活，至少，她不会再像现在这般沉浸在灰败的过去里无法自拔。

听完蔷薇的故事，我仿佛看到一个人在蹑手蹑脚地走路，没多久，这个人面前出现了一块大石头，他没有想过绕开它，反而一屁股坐在地上，向每一个经过的人哭诉："我为这块大石头煎熬至今，每天吃不好、睡不香，我过不去啊，我真的过不去啊！"

可不站起来试试，反而瘫倒在地上要死要活，怎么可能走过去呢？

蔷薇能在过去的感情里沉浸五年，为什么不能花一点点时间向前一步呢？

答案很简单，她不是过不去那道坎，而是放不下对自己情感的美化。踏过那道坎并不难，她只消抬头挺胸向前看就可以了。

那些遗憾的事与不愉快的经历，根本无法在我们的生活里掀起滔天巨浪，顶多泛起不痛不痒的涟漪。我们只需大步往前走，将它们通通抛在脑后即可。

我也曾像蔷薇一样在周围人的同情与惊讶里自得，看到旁人称赞我执着，内心便产生极大的满足感。可谁会对无望的感情一直保持热情呢？那不过是自欺欺人罢了。后来我告诫自己，不要在不切实际的事情上浪费时间和精力，而要早点退出来看看别的出路。

放弃不该有的执着，释然曾经，才能获得愉悦的生活体验，否则你就会因为投入太多而加重不甘心，越来越难以脱离。

这一点在工作和事业上也适用。

朋友小文是个设计师，她在一家公司工作了一年半，无论什么任务都能出色地完成，还主动为公司运营公众号，其提供的原创内容甚至让阅读量翻了一番。

虽然小文认真工作，努力发挥自己的价值，但得到的待遇并不好。按照小文的说法，她就连临时工都不如。

后来公司里发生了一件事，令小文特别愤怒。起因是老板认为法定节假日不应该给员工发工资。公司里的很多员工敢怒不敢言，担心辞职后难找工作，只能憋屈地接受这一切。然而小文没有接受这种压榨，她直接选择了辞职，潇洒离去。

没过多久，小文就告诉我，她入职了一家新公司。

我好奇地问了问她的待遇。

小文回答："以前那家公司单休，现在这家公司双休；以前那家公司常加班，现在这家公司不怎么加班；以前那家公司没有下午茶，现在这家公司有吃不完的零食，每周五下午还有丰盛的下午茶；以前那家公司的老板从不主动给能力强的员工涨薪，现在这家公司的老板主动给表现优秀的员工加工资……"

小文前后两份工作的待遇显然天差地别，如果她也像前公司的其他员工那样忍受下去，那么她的付出就会一直贬值，得不到应有的回报。

所以说，人的许多烦恼其实都是自找的，明明事不可为，却不转变策略；明明血本无归，却不及时止损，自然会觉得痛苦。

唯有放弃坏的、糟糕的，才能让生活越来越好，我们没有必要跟歧路较劲。

一件事，如果办不到，只要尽力而为，无愧于心即可，千万不要固执地浪费时间和精力，以免落得郁郁寡欢的下场。总结出来就是十个字：世上无难事，只要肯放弃。

当然，这种放弃并不是叫你遇事软弱，而是你不仅要有迎难而上的决心，更要有知难而退的勇气；你可以去尝试，但不要一直执着无法办到的事情。有时候，选择放弃，才是最明智的行为。

至少,让努力与你有关

大学生毕业后的两到三年是很难熬的时间段,因为他们即将遭遇现实的打击,被接踵而来的困难按在地上"摩擦"。先给大家介绍一个人,为了不透露隐私就叫他阿灿吧。

有一段时间,阿灿特别害怕亲戚朋友提及这些问题:

"你为什么还找不到工作?"

"你为什么还挣不着钱?"

"你一天到晚到底都在想些什么?"

此类问题让他羞愧,他确实没有找到工作,也确实没有挣到多少钱。

到了这个时候,父母开始担心阿灿会"啃老",会时不时地在他身边意味深长地说一句:"如果你连自己都养不活,将来怎么给我们养老啊?"

阿灿的女朋友也不安地觉得他们没有未来。当她问阿灿有没有找工作的打算和准备时,他竟无言以对。

每次面临这样的场景,阿灿都会脸色煞白,好像心底有什么似的在敲击。他平时伪装的强大,在这个时候显得不堪一击。

身边人或正面或旁敲侧击,都问了这么一句话:"每天看你不急不躁、没心没肺的,你真的努力了吗?努力与你有什么关系?"

听到这些话,阿灿特意去照了照镜子。他脸色苍白,努力扯起嘴角,笑得比哭还难看。阿灿不知道如何回答他们的疑问。

"我真的没有努力吗?"

"不是的,我努力了。我担心找不到工作以致睡不着觉,我也会焦躁到不停地充实自己,来摆脱这种困境。"

但人不可能总是靠着家里过日子,不能靠着担心过日子,必须得自立起来,否则最后只能脸皮厚起来。

阿灿原本有一份工作,但觉得不合适就辞职了。这之后,他靠泡面度日,不停地找工作。走在街上,看到商场招收收银员,想去试试;看到新建的餐馆里有收洗盘子的人员,想去看看；看到酒店招服务员，也想要进去瞧瞧。

"瞧，我已经快要没的选择了。"阿灿略自嘲地想。

即使如此，在他饿得要死的时候也没有找家里伸手要钱。

不甘心有吗？不管是谁肯定都会有不甘心。梦多美，谁不想要有好工作，立马走上人生巅峰。

阿灿也知道无论多不甘心都没用，现阶段如果只想着去做自己想做的事情，就会饿死。他清楚地认识到这一切都是因为自己不够强大，不够有能力。有相同处境的人可能会在这种时候选择逃避，装作不知道要背负怎样的责任。

谁都不想承认自己是无能又无用的人。

但说真的，我们真的不够努力，数不清的事实告诉我们，很多人不过是假装努力。

很多进入社会找工作的毕业生，也面临这样的问题。

这时候一般会出现两种人，一种人埋头做事，期望改变，用真正的努力和学习来改变现状，来抵挡生活带来的磨难。

还有一种人，会用这样的经历当作理所当然的借口：大家都这样经历过，所以我经历这个阶段也是很正常的事情。不需要太过于去担心，总会过去的，总会柳暗花明又一村。用以安慰自己时运不济。当他们这样说服自己的时候，忽略了求生存本来就是很痛苦的过程。

可见，自欺欺人的心态就跟买彩票一样没出息，只有赌徒才会这样说："总会中奖的，总会中奖的。"赌徒没有努力吗？赌徒也觉得自己非常努力，他们努力地买了那么多期彩票，花了那么多时间去分析，花了那么多精力去投入。整天担心自己下一期会不会中奖，担心到睡不着觉。想了一个又一个下一期。

现在社会上不乏这种生活赌徒，以自己的人生押注，却压根儿没想过自己是不是赌得起。这既是无奈也是事实。

不扛起自己的责任，不在真正需要做的事情上投入精力，得到的只会一文不值。

你想赌上你的生活，但你付得起一无所有的代价吗？

付不起又怕人批评，所以处在这一困境里的赌徒，为了挽回一丝面子，会去做很多没有什么意义的事，也就是无用功。

出于自尊，用了十分的力气，声势吓人，却只能得到很少的回报，甚至根本没有回报。

但离奇的是，浪费了时间与精力后，他的心里竟然觉得有些安慰。

因为，虽然没有获得真正的成功，没有得到进步，但心里想着：我既花了时间也花了力气，别人可不能说我不努力。

看上去真的努力了，不是吗？处在人生迷茫期里，觉得毫无出路的人用这些理由来装饰着人生的苍白，将自己的弱小深深地藏在内心深处，不敢示人。

然而这样一个懦弱的本质，能够隐瞒多久呢？

不过是洞若观火，而大家都心照不宣。

有一部分人，无比羡慕那些过得好的人，且心怀嫉妒，为显君子风度才面带笑意。但心底里却在流露鄙夷，觉得自己比别人强了不止一星半点儿，只不过是自己没有一飞冲天的机遇。

不可否认，机遇真的非常重要，重要到能够决定你的一生走向。可是你不努力，机遇与你有什么关系？你没有力气抓住任何机遇，因为你跟气球一样将自己吹的很大，看似强壮，实际上一戳就破。

你不是一个真正在努力的人，真正努力的人和你不同，他们会将力气花在合适的地方。所以，何不干脆承认，原地踏步的原因就是自己无能。

不要害怕伤到了自尊心，爱我们的人只想我们过得更好。我们应该和所有关心、关怀自己的那些人道歉，和他们说一句："对不起，是我没用。"

也别再浪费力气假装努力了，去文印店打印好简历，用水芯笔将自己的资料填好,再把自己能做的事情在本子上列出来,然后,去找一份力所能及的工作,去奋斗一个美好的未来。

　　脚踏实地永远比好高骛远有用。至少,让努力与你有关。

一辈子如此短暂,记得珍惜

在我们以为人生漫长时,生命随着光阴迅速流逝,在不可逆转的过程中,有没有人仔细想过一辈子有多长?有没有人觉得自己能够长命百岁?

大多数人没有思考过这个问题,哪怕时间的尽头是死亡,但只要那一刻的终结没有迫在眉睫,拥有大把时间的人们,还是会挥霍光阴,根本不会在意自己失去了什么。

做一个时间统计吧,按人均寿命80岁算,那么经历生老病死只需要29200天。

试试用这个数字减去你现在的年龄,剩余的寿命还剩下多少?

我计算了一下我的时间,一下子就慌了起来,人生的四分之一已离我而去,却没能在时间长河中溅起一点水花。

现实生活中的我们,总是虚度光阴,而我们的寿命也一直在倒计时,它看不见,摸不着,但它每一天都在减少。

你有没有想过,自己还要多久成为一抔骨灰?

这种逝去无法阻挡,想想就令人不寒而栗。

一些人或许疑惑,我们去计较微不足道的时间有什么意义呢?对于年轻的我们来说,那个归零的数字是那么遥远。

我们一天有24个小时,还有那么多的时间可以浪费,可以早上6点钟起床,也可以晚上6点钟起床,睡睡懒觉没有什么不好,哪怕还有作业、工作,以及重要的事情没有完成。我们也可以不分昼夜地玩乐,或一整天发呆,或打一通宵的网络游戏,那些问题,都可以暂时抛开不管,年轻嘛,人生充满试错的机会。

可是,生命只有一回,我们降临在世界上,要寻求存在的价值。人生不是游戏,无法建号重来,很多错了的事情没有办法纠正,很多错过的人,没有办法再找回来。因此,我们的人生才会充满遗憾。

拥有大把时间而不珍视,既自大又不自知,造成我们对生活不够认真，对任何事情的态度不够严谨，将日子过得乱七八糟，将日子作得鸡飞狗跳。

随之而生的遗憾令你对人生不满，然后千言万语化为一句："如果当初……我的人生就不会是现在这个样子。"

这句话是不是很熟悉？因为你人生的每个阶段，都会懊恼地将它说一遍。

你步入社会工作时，想起学生时代没有用功读书，对自己说过这句话。

你感情受挫时，想起初恋时代没有好好珍惜，对自己说过这句话。

想起来了吗？你对每个怀着遗憾的自己都说过这句话，但你又会做出同样的选择，让生活陷入恶性循环。

人的意志力薄弱，身体里有着脆弱本性，一旦进入舒适区，生活就会变得迟钝。

然而那些说自己吃过的盐比你走过的路还多的大人们，偏偏以过来人的经验告诫你："认命吧，生活就是这样，你还这么拼命抗争什么？你会习惯这一切的。"

我有个女性朋友叫猫不二，她是单亲家庭，被妈妈抚养长大，现在在广州做设计师，待遇不错。她的目标是，升职加薪，找个情投意合的对象，美美地过完这辈子。

这个美好的想法，遭到了一个人的反对，那就是猫不二的妈妈。在猫不二工作顺风顺水、老板也准备给她加薪时，她的妈妈却希望她辞职回家，回到小地方嫁人生子，让猫不二待在身边，老老实实做个家庭主妇。

猫不二说："我工作很顺利啊，马上就要涨工资了。"

妈妈："那有什么用，工作赚钱是男人的事，你回到我身边，早点嫁人才是正经。"

于是，每一年回家，猫不二的妈妈都要帮她张罗相亲，以为只要她结婚了，就能把她绑在身边。

终于有一天，猫不二忍无可忍，向妈妈提出抗议，说想好好工作，想让生活有上升空间，想遇到一个心仪的对象白头到老。她不过才20多岁，又不是嫁不出去，根本不用这么早嫁人。

猫不二的妈妈听到这些话，非但不支持猫不二，反而批评猫不二不孝："你要明白，我只是个普通母亲，你我都成不了太高层次的人物，普通人就应该过普通人的生活。你长大了，应该明白其中的道理，思想不要太偏执，别人家的闺女在你这个年纪都结婚了。"

多么荒谬又可怕的人生道理啊，话里行间一点逻辑都没有，口口声声说为你好，却是在拼命限制你的人生，目的只是想让你重蹈他们的覆辙。这才是大多数人过上糟糕生活的根源所在！

与其接受限制，变成浪费光阴的人，不如让每一段时光都有它存在的意义。

譬如去学习进步，将生活变得更好；譬如变得勇敢坚强，毫不惧怕艰难险阻；譬如不再软弱无能，遇到问题都能独立解决。

那些精英身上让人赞叹的特质，都是通过同样的时间积累而来。区别就在于，你利用这些时间做了什么？你只有循序渐进，扩大自身优势，才能实现量变到质变。人与人之间的能力差距就是在这种微不足道的时间里产生的。

大家都拥有一样的时间，为什么别人能在前方奔跑1000米，而你才冲出去100米？

因为看到差距后，你选择了放弃；因为感到努力很辛苦，你选择了放弃；因为听取了别人的无聊意见后，你选择了放弃。

这也是为何进入了舒适区，你的生活却没有变好的缘故。你故步自封，让生活失去变好的可能。

即使在物质上没有与精英处在同一起跑线，你也应该明白：

我们没必要将时间浪费在和别人的攀比上，那样只会让人消极厌世，自怨自艾。

我们应该用这些时间来寻求改变，积极努力，而不是告诉自己过得不好。

可悲的是大多数人的生活都是如此。

一方面羡慕别人，一方面又不愿意花时间去奋斗。喜欢得过且过，喜欢浪费人生。这样也就算了，他们还想劝你知足，说："你折腾再多没有意义，你这辈子不会风生水起。你这辈子也就这点出息了，还是不要浪费时间，和我们一起无所事事吧。"

在他们的脑海里，大家都是普通人，也只是普通人。生活已经这样，再努力也不能改变人生。

因此，当他们看见你想要跟他们不一样，便会心生反感和嘲笑，拼命地对你说："你就是一个普通人呀，你只是一个普通人呀。"

一旦接受了他们的错误价值观，我们就会自动沦为生活的奴隶，成为虚度光阴、不再寻求人生意义的木偶。

是啊，我们的确都是普通人。不是所有人都能成为生活的佼佼者，也不是所有人都能功成名就、谈笑风生。

可是那又如何呢？

该努力的目标，总要努力尝试一下，看能不能实现吧？

该奋斗的人生，总要奋斗拼搏一次，看能不能成功吧？

我们能够尽力的事情，为什么要听取别人的糟糕意见呢？

我们这辈子就想做些记忆深刻的事情，就想折腾出几朵花来给自己看。

这一生如此珍贵，怎么能交与别人不负责任的建议？怎么能虚度在那些无意义的事情上呢？

真的，这辈子没有那么漫长，我们必须认真享受生活，像李白的《将进酒》里写的那样："人生得意须尽欢，莫使金樽空对月。"

我们也没有那么多时间可浪费，因为我们不知道明天和意外到底谁会先来。

一辈子真的不长。如果一岁等于一厘米，那这条理论上长达80厘米的生命线，每一段都有折断的可能。

有时候我会天真地想，我能不能开一家时间银行，将那些白白浪费的时间全部存在里面，等需要使用的时候，再取出来。这终归只是我的妄想，毕竟时间有限，生命有限。

我知道属于我们的时间一直在减少，我们不会永远年轻。

所以，我知晓每一刻都不该浪费。

以后，碰上最重要的事，记得尽力；遇到最重要的人，记得珍惜。

不轻忽这一生，也就够了。

你偷过的懒,未来会加倍偿还

你有没有这样的体验:感觉人生总在原地踏步,不管做什么都事倍功半,低质量的生活一眼就能望到头;想突破桎梏,却无从下手,即使花费了很大的力气,也是做无用功。

问题的症结出在哪里?

我认为,这跟人的惰性有关,它分为两种,一种是行为懒惰,另一种是思维懒惰。简而言之,就是喜欢在方方面面偷懒,一味地追求"短平快"。

有天下午,我正在写文章,一位久未联系的朋友突然发来消息,他说近期要准备一篇论文,问我能不能代笔。我告诉他,我可以在他完成论文后帮忙修改,但坚决不会代笔。接着,我询问了他的论文主题,告诉他该从哪些方面寻找论据素材,从什么角度切入主题，所有步骤都给他讲述得明明白白。结果，他还是想让我代笔。

拒绝这位朋友的请求后，我想起一件事。

亲戚有个在读小学的女儿，曾拜托我教她写作文。当时老师要求她以"学校的一天"为主题，不限题材类型。结果她写成了流水账，干巴巴的描述，没有什么看点。内容大概就是：一大早起床，妈妈送我去上学了，听老师上课，不喜欢调皮的同学，最后放学回家。

我告诉她该如何修改："学生在学校的每一天，大多枯燥且普通，如何让它变得生动有趣呢，我们可以发挥想象力。你一觉醒来，外边变成了动物世界，妈妈成了大熊猫，她带着你等校车，结果来的是一只体型巨大的兔子，你的同学都坐在它的身上，于是你也坐上去。到了学校，你看到了变成其他动物的老师和同学，他们都带有所变动物的特征，譬如小鸟同学喜欢交头接耳，小狗同学爱运动。而你平常讨厌的同学，成了在教室里横行霸道的老虎，在受到老师的批评后，瞬间变成了小猫咪。当同学的描述都千篇一律时，你这样写会显得很有趣。"

结果，亲戚家孩子选择用流水账作文交作业，让我哭笑不得。不过，她年纪小，嫌这种方式麻烦，我还能理解。

令我不能理解的是，生活圈里的那些熟人和朋友，明明自己能十分钟就完成的事情，非得费尽心思拜托别人帮忙。如果你告诉他们如何去做，他们不予理会；如果你帮忙完成了，他们下次还会找你帮忙做类似的事情。

这种行为习以为常之后，就养成了对人生也偷懒的习惯，导致他们处理问题的方法变得僵化，生活原地踏步，没有一点长进。

为什么这些偷懒图省事的人，往往最后会吃大亏，就是因为这种小聪明，在关键时刻派不上用场。

如果说行为懒惰的人，让本该一百分的事，只能做到五十分，那么思维懒惰的人，则会让这五十分变成负一百分。因为后者缺乏独立思考的能力，无法对事物本进行客观的判断。他们就像墙头草一样飘忽不定，别人都说好的事情，他们也跟着说好，别人都说坏的事情，他们也跟着说坏，根本不去思索事情背后的意义。

有阵子，网上流行读书无用论，有相当数量的人认为很有道理。

还有人以大学毕业生的工资远没有建筑工人高为由，到处散布读书无用的言论。有的人信以为真，因为他们看到村里刚毕业的大学生，混得还没初中毕业的好，心里就寻思："读书果然无用，等孩子读完初中，就让他去打工补贴家用吧。"

这些人在与别人讨论孩子将来的出路时，也是斩钉截铁地说："我家孩子读完初中就不读了，读书没什么出息。"

然而，这个世界日新月异，社会的发展大概率是向知识型转变，而拥有知识越多的人，才能拥有更多的人生可能。那些思维懒惰，认同读书无用论的人，带给孩子的不仅是短视和狭隘，他们的人生也难以延伸出其他可能。

生命只有一次，人生也不可能再重来，一次偷懒尚可补救，但次次偷懒，那就是对自己的不负责任。或许，不注重思考过程，不注重行动过程，直接获取答案，能省去大量时间与精力。殊不知，偷懒省去的汗水，未来一定会加倍偿还。

有多少人因为上学期间没有刻苦学习而错失改变命运的机会，有多少人因为过度追求安逸的生活而穷困潦倒，有多少人因为不想走出人生舒适区而一事无成，有多少人因为懒得辨别真伪而被坏人利用……

一旦养成偷懒的习惯，你就会越发缺少行动力和敏锐性，又拿什么去打拼美好的未来？

请相信，勤能补拙，从此刻开始，别再偷懒了！

第二章

见过生活凌厉,依然内心向暖

TWO

永远相信美好的事情即将发生

互联网时代，各种各样的讯息从四面八方袭来。现代人见识多了，本应该眼界开阔，掌握看破迷雾的能力，洞见生活的真实，然后以积极心态去追求更好的生活。但不想做出改变的人，却如过江之鲫，数不胜数。他们生活状态僵化，在自己的不幸里怨天尤人。长期忍受煎熬之后，竟然还把糟糕现状当成自己的舒适区，就像把脑袋埋进沙子的鸵鸟，没有热情，没有勇气，麻木不仁地活着，只是活着。

他们的皮囊之下，填充着虚无主义，不认同存在的价值，也不具备有趣的灵魂，何其恐怖！

这些人还有个通病，因为恐惧未知，害怕未来变得更差，就竭力维持当下的糟糕现状。然后将不幸福怪罪于自己赚钱太少，天真地以为只要物质富有，精神也会同步富有。

我们大多数都只是普通人，生来就会经历更多的困难。面对人生的疑难杂症，听之任之属于下下策，我们要懂得保持积极的心态，它决定了一个人有没有幸福的能力。

那些充满消极情绪的人，生活往往寡淡无味，不仅失去爱人爱己的能力，也丧失被爱的机会，没有人愿意和这种人打交道，因为被他们的负能量传染拖累，会得不偿失。

有个女性朋友找我倾诉烦恼，说自己的生活苦不堪言，不仅感情出现危机，工作上也有心无力，整天熬夜，做事出错，好像自己在不断地滑向深渊。

她把我当成救命稻草，问我能不能帮她一把。她说准备换个新工作，甚至提出想跟我谈恋爱。

我知道她不是喜欢我，只是想找一个人分享自己的不幸，从而减轻感情的痛苦和工作上的压力。

她不相信自己能过上更好的生活，认为生活一旦糟糕，就会永远糟糕，即使有美好存在，也轮不到自己享有，自己只配拥有不幸。

走出一段感情最好的方法是开始另一段感情，避免工作压力的方法是调整工作方式或换个工作。但这位女性朋友那种消极的心态，只能开启恶性循环。如果她不改变心态，无论感情还是工作，只会重蹈覆辙，一步步让生活更加糟糕。

看到她不停地自责，最后我出了个主意："调整好心态，再改变作息规律，以此来打破糟糕的循环。你想啊，你连作息都不规律，身体就容易变差。你一熬夜，第二天就会没精神，没精神，上班就容易出错，一旦被领导批评，心情自然会变差，然后你又不想吃饭，又得熬夜，第二天更没精神，身体和情绪越来越差。你感觉全世界都在针对自己，那么在遇到问题的时候，你就越没有精力去解决和承受，最后就只能眼睁睁地看着一切越来越糟糕。"

这些话她一句也没听进去，我替她感到惋惜，明明可以过得很好，却把自己折腾得不成样子。

是她运气不好，所以不能幸福吗？不是，是她用消极的心态和错误的方式对待生活，根本没有掌握幸福的能力，一手好牌就这样打得稀烂。

因为一件糟糕的事情，就带着坏情绪让下一件事情也变得糟糕，试图用新问题取代旧问题。归根结底，是心态出了差错，未能发挥积极情绪的引导作用。

相对于陌生而又未知的美好，他们更熟悉眼前的糟糕。他们已经习惯了在糟糕的环境里摸爬滚打，如果骤然获得一份好的爱情或好的工作，反而会觉得浑身不自在，甚至开始怀疑人生，觉得迟早还是会失去这些不真实的美好，于是不珍惜、不爱惜。当"失去"真的发生后，他们又露出一副"我就知道会这样"的表情，真是可悲又可叹。

不幸福、不快乐的人群，都有一个共同特点：不相信美好会在自己身上发生，不相信努力能让自己过得更好，不相信这世界上有真挚的爱情存在，不相信人定胜天。

但心有所信，既有所仰，相信本身就是一种力量，如果说人生是巨大的迷宫，那么它就是破开迷障的武器，也是追寻幸福的路标。

当我们相信美好会发生时，积极情绪会不断生长，它能构建抵消负面能量的护盾，让我们在面对挫折时不至于束手就擒，还可以帮助我们疏导情绪，减少戾气的产生，更重要的是，它能让我们有迈出第一步的勇气。

尽管遗憾在所难免，但也要保持好心态，那样才有机会看到柳暗花明。请相信，那些经历中的不幸，一定能让我们在未来获得丰厚奖赏。

也许在时光荏苒中，我们容易失去耐心，反复经历从沸腾到冷却，从喧哗到静默，失望与日俱增。但哪怕再不幸、再糟糕，也请相信美好依然会发生。因为，相信的人会比较幸福。

比道理更有价值的是行动

在漫长的一生中,我们只是普通人,按部就班地生活,每天都跟昨日一样,平淡无奇。

由此,我们感到乏味、无趣、空虚,从而希冀生活能够突然得到惊天转变。但令人意志消沉的是,我们在迫切的渴望中,知晓了许多道理,却依然过不好这一生。

我们给了自己一个解释:道理无用。

那些告诉人积极向上、完善自我的道理,真的没有用吗?

事实上,很多人并不在乎答案,他们不想付出太多精力,却希望天上掉馅饼,得到免费午餐。

平日里,我喜欢分享自己对生活的感悟,但每次分享完毕,回应我的人寥寥无几,当我说的次数多了,别人甚至觉得我啰唆。

让他们不快的原因很简单:难道这些事我不知道吗?还用得着你来告诉我?我们懂得这些道理,然后呢?又有什么用!

其实不是道理无用,而是这些人的"懂",仅仅停留在知道这一层面。

我知道有道菜肴美味可口,但我从未按照步骤去烹制过这道菜,也没有寻求其他渠道将它吃到嘴里,即便我知道它的存在,可我这辈子都不会知道它是何种滋味。

我知道距离住所几千米远的公园有烟火晚会,也知道它会在什么时候举行,可我仅仅是知道而已。不管我是坐车还是走路,怎样都好,我只有亲自去到那个公园,才能看到美丽灿烂的烟火,体验何为绚丽多彩。

就像大海与山林,你没有亲眼见过它们的存在,对你而言它们就只是文字或图片,你永远不知道波澜壮阔、静谧清新是什么感觉。

朋友阿苗由于生活不顺心,导致她总是用负面思维看待问题,容易产生负能量,所以她常常找我谈心,希望我能疏导她的情绪和烦恼。

我告诉阿苗："人越消极就越不讨人喜欢，积极一点，精神状态才会越来越好。你可以去了解积极心理学，尝试改变自己的心态。"

阿苗苦恼地说："讲述积极心理学的课程栏目，我看了十几集了，但对我不起作用。"

我追问阿苗："你有改变自己的心态吗？"

阿苗很泄气地回答："如果负面情绪有那么好控制，我就不用吃药了。"

我问她："为什么没有用，你想过吗？因为你只是知道有积极心理，却从未以此进行过改变。"

阿苗对此充满怀疑："如果看几集讲课就能改变心态，心理医生还不得失业啊？"

我无奈地叹了口气，为什么这么多人，掉进了坑里后，不自己先试着挣扎出来，非要等着别人来指导？等到那时候，估计黄花菜都凉了。

心理医生的作用是什么？

他循循善诱，分析病人的问题因何产生，然后进行鼓励，引导病人去做能够带来正面反馈的事，以此来改变病人的心态。

可是你看到了问题所在，就不能尝试自救吗？

为什么非要等心理医生告诉你了，再去做那些事呢？

比如你对生活充满戾气，也知道这种状态不对，还知道解决办法是自控与改变，那你就按照办法去解决啊。

哪怕在做这些事的过程中，给你带来的正面反馈只有一点点，但只要有效果，它就能将崩坏的心态慢慢调节完善。

再来看这个问题：为什么知道那么多道理，却依然过不好这一生？

因为不去亲自尝试就得不到反馈，生活就一直是老样子，得不到改变。

就像考试做题一样，你看到了一加一这个问题，光知道答案并没有用，你需要把答案写在答题卡上，那样才算数，才能得分。

明明知道问题的根源所在，为什么这些人不愿意去践行道理呢？

大家都藏在五颜六色的泡沫里，热衷于自赏伪装的美丽。

原因有二：一是积习难改，不愿意主动脱离舒适区。二是自欺欺人，害怕付出后白费力气。

譬如大家都知道努力能够改变命运，但努力真的太辛苦了，为了避免殚精竭虑，有些人就用各种失败的例子来说服自己：

"努力真的没用,那谁努力了,生活不还是一地鸡毛吗?我还是得过且过吧!"

这些人通过日复一日地自我催眠,不断消磨自己的意志,就很难脱离舒适区。

唯有戳破假象,我们才能回到现实里。

至于害怕努力没有结果的那波人,他们也不想被人看低,只是向上发展又太难,所以就更不愿意去尝试改变。这样一来,他们就可以为自己辩解:"我过得不好只是因为我没有努力,一旦我努力了就能飞黄腾达,走上人生巅峰。"

其实他们不过是虚张声势,自欺欺人罢了。

也有一些人靠比惨来自我慰藉,你看看我,我瞅瞅你,想着原来不止自己一个人烂泥扶不上墙,心里就觉得舒坦了。

这些人最不愿意看到身边人过得比自己要好。

他们的人生犹如一潭死水,脑海里就只剩下嫉恨:我也知道那些道理啊,凭什么你们就能过得比我好?

因为他们没有去尝试改变,没有去践行道理啊!

说到底,人生的好或坏都是自己选择的结果,与其嫉妒别人,不如做个践行者,多想想怎样努力。毕竟,世界是公平的,你不多花一点力气,就想过好这一生,那简直是白日做梦。

你那么拼命展览生活，累不累

人的精力有限，如果过度压榨身体，疲倦就会排山倒海般袭来。有个词语叫作身心疲惫，它的意思是心灵与身体都极度劳累。然而人要衣食住行，要在这个世界生存，肉体上的辛劳不可避免。

唯有心灵上的疲劳可以自我调整，但人要如何迅速恢复精神呢？

主要得想明白一点：生活与他人无关，并脱离别人的评价体系。这是一场旷日持久的修行。比方说你饭后独自散步，心情会放松且愉悦，但让你陪别人逛街买衣服，只觉得腿酸脚麻且无聊。同样是走路，为什么会有这种截然不同的体验？

因为散步是你自己想去放松，而逛街买衣服是你陪别人去放松，两者的区别在于，一件是自己想做的事，另一件是别人想做的事。前者是愉悦自己，后者是让别人欢喜，这也许就是人们在同一件事上反馈不同的缘由所在。

在这个焦虑被放大的时代里，人们难以逃脱来自四面八方的压力，在生活上越来越力不从心，为此感到痛苦、不安。更令人绝望的是，这般困顿的现状，顺着时间蔓延，仿佛永远不会有尽头。

对于这种无望，人们心中习惯性产生不满，每当无法得到别人的认可时，心中便会痛苦万分。

他们一直活在别人的评价体系里，时刻想要将生活展览出去给人看见，并希望得到夸赞，以此满足虚荣心，填补内心空虚。这其实是得不偿失的行径。

例如一些学生，特别希望得到老师、父母的关注，好让他们看到自己表现有多优异，可一旦被忽视，得不到表扬，就难免会灰心丧气。

例如我们，特别希望得到全世界的关注，最好是方方面面都能被人给予好评，可一旦被忽略，不能成为人群焦点，就会有一种挫败感。

看过这样一个故事。

有位画家举办了画展，有一幅油画下写着问题：这幅画哪里好？

一群观众围过来口水四溅，将这幅油画夸成了大师神作。

于是，画家又换了个问题：这幅油画都有哪些不足？

还是那群观众，同样的口水四溅，但这幅油画却被他们批评成了比渣滓还不如的存在。

油画一直摆在那里，不涂不改，只是换了一个问题，却得到了两种相异的极端反馈。

作为这幅画的作者，可能会在观众对这幅画的评头论足中心情激荡，觉得不可思议。

如果我们抛开这些观众的评价，会是什么心情呢？我们会单纯地为这幅画的诞生而开心，最大程度地享受这份快乐。

活在别人嘴下亦是如此，我们的心情只会随着别人的评价而波动，要是得到夸赞还好，可要是受到批评呢？估计就会怀疑人生，内心变得敏感、脆弱。

总之，任何试图以展览生活来获得满足感的人都有个通病，那就是特别在意外在的评价。

我的书友青青，因为婚后生活有落差，她一心想得到婆婆的尊重，想得到老公的肯定，所以，她特别在意别人的评价，担心自己被别人指责事情没有做好。

由此，她变得敏感、脆弱，在街上只要看到说话的人，都觉得对方是在针对她，说她的坏话。

有一次，青青在我的读者群里和人聊天，有位群友提醒她参与话题讨论，没想到她突然就爆发了，怒气冲冲地质问那个群友："你为什么老提醒我，是不是想针对我、讽刺我！"

青青觉得自己受了天大的委屈，想要退群，而那个群友也特别委屈："我只是提醒了她，并没有说一句她的不好啊。"

这件事过去没多久，青青又和同事吵了起来，还不断在群里控诉同事不友好。

大家询问详细经过，青青将与同事吵架后的聊天截图发给我们看，对白如下：

青青："我一天被怼一百次，我不知道我该怎么忍。没事，你要是觉得这样没问题，我可以辞职！"

同事："你这是怎么了？我只是说自己报表没做完就下不了班了。我们关系这么好，有什么事不能摆明说吗？干吗非要莫名其妙地发火。"

原来同事随口的抱怨，听在青青的耳里却是恶狠狠的"报表做不完，我们都别想走"。

明明青青的同事完全没有这个意思，可青青却觉得同事是在针对她。

由此可见青青在生活里有多么焦虑，因为婚后的不顺心，她希望在生活和工作里得到别人的好评，为此变得敏感多疑，总是莫名其妙地发火攻击别人。

我忍不住问了青青一个问题："你为什么这么在乎别人的评价呢？你又没活在别人的嘴里，一天到晚不想着怎么提高生活质量，反而将大好光阴浪费在鸡毛蒜皮的小事上，你觉得值当吗？"

答案当然是不值当，但她不知道如何获取生活的正向价值，只能将人生交给别人评判，以此获得存在感。

这样的例子，比比皆是。

有的人总以为自己才是世界的中心，所有人都应该关注自己的生活，所以才将生活伪装成很好或者很惨的样子，殚精竭虑地去表演给别人看，借此获得赞誉或者同情。

可我由始至终认为，一个热衷于向人展览生活的人，从未真正拥有过生活。这类人可怜在什么地方呢？可怜在他们为世上无数人活着，却偏偏不为自己而活。

心理学家亚伯拉罕·马斯洛在《人类激励理论》中提出：

人类需求像阶梯一样从低到高分为五种，分别是：生理需求、安全需求、社交需求、尊重需求和自我实现需求。

关于尊重需求的解释是这样的：尊重的需求可分为内部尊重和外部尊重。内部尊重是指一个人希望在不同情境中有实力、能胜任、充满信心、能独立自主，内部尊重就相当于人的自尊。而外部尊重是指一个人希望有地位、有威信，受到别人尊重、信赖和高度评价。

虽然说想要得到外界认可是人的天性，这无可厚非，但许多人完全不注重内部尊重，就连追求外部尊重的过程也充满狭隘，只想要片面获得尊崇和艳羡衬托的优越感。

如果你在生活里遇到了这种人，他们会对你做什么呢？

他们会有意无意地向你露出价值不菲的手表、钻戒、名牌包，然后自顾自地说出它们的来历。他们会费尽心机地将话题引到自己去过哪些高档场所，去过哪些城市旅游，以此炫耀物质条件优渥，极力吹嘘自己是人上人。

悲哀的是，他们不知道这是非常浅薄的行为，而是迫切渴望听众说出"我好羡慕你"的话语，但听众多半会打心底里厌烦。

唯有将生活当成是自己一个人的事，才能从中得到积极反馈，并获得良好的体验。

反之，那些总想将生活展览给别人看的人，则喜欢将外部评价当作快乐标准，一旦外部评价差强人意，情绪就会一落千丈。

譬如那些曾被亲戚看不起的人，他们发誓，等出人头地以后要将亲戚踩在脚下。

还有那些被女朋友嫌弃不上进而分手的人，则喜欢嘲讽对方嫌贫爱富，发誓功成名就以后要让对方对今日的选择后悔。

怀着报复心，痛苦地逼自己奋斗，这种充满怨念的行为，只会让快乐大打折扣。哪怕因此得到了别人艳羡的目光，填补了内心受到屈辱后的空洞，但毫无疑问，这种成功是建立在憋屈之上的，那些不满不会随着功成名就而消失，而是会长期积压下去，对身心造成损害。

为什么有些所谓的成功人士热衷于参加同学会，不是因为同学情谊难忘，而是他们想让当年看不起自己的同学看看自己现在的生活有多么富裕，从而将当年丧失的存在感和优越感，一股脑儿地在同学身上找回来。

也许他们在物质上的成就远超同龄人，但他们活在别人的评价体系里，不为自己的努力自豪，不为奋斗本身感到愉悦，只能通过别人的认同才能得到内心的愉悦。这种生活模式将会贯彻这类人的一生，这是一种物富心贫式的悲哀。

我时常为此感到纳闷儿，为什么在自己的生活中做分内之事，却需要向别人展览、请赏？

难道我们存在的意义就是向别人表演生活吗？

有句话说：一个人越炫耀什么，就越缺什么。

关于这句话，我看到的最佳解释是：一个人在炫耀之后期望能得到的，才是他真正缺少的东西。

这样一想，我们的生活，真的需要得到别人的高度评价才有价值吗？

追求生活质量，并且让日子越过越好，本身就是我们自己的事，既然是做自己的事，何必展览给别人看呢？

当然，生活可以分享给亲朋好友，但我们要懂得过犹不及，不能无限度地向别人展览。

试图让全天下的人都看到自己过得好，是比较无趣的活法。一个内心强大的人，根本不屑于依靠别人的评价来获得内心满足。

在《黑镜》第三季里，有一集叫作《虚伪的分数》，在那个世界中有一套评分系统，每个人都可以实时查看其他人的评分，以及给其他人打分。不管是秀生活，还是跟陌生人打招呼，生活里的任何事都在这套系统中运行。

社交评分量化为各方各面的重要标准，剧中女主人公蕾茜为获得好评而费尽心思，竭力讨好周遭的人，因为害怕遭受差评，蕾茜每时每刻都要进行伪装。

例如蕾茜喝了难喝的咖啡，吃了难吃的甜点，却要违心地配上漂亮话发出去给人看。

例如蕾茜每天在镜子前练习笑容，哪怕心情再差，也要对别人露出虚伪的假笑。

例如蕾茜给欺负过自己甚至抢过自己男朋友的娜奥米当伴娘，甚至还为娜奥米的婚礼准备催人泪下的演讲稿。

做这些事情，蕾茜一点也不快乐，但为了获得其他人的好评，蕾茜只能这样病态地屈从，强迫自己做不愿做的事，甚至是对原则做出妥协。

我们也活在这样的评价体系之中，大多数人的一生，会因别人的好评开心许久，也会因为别人的差评难过许久，这些评价会干涉我们对事物与选择的判断。

譬如你今天做了一件事，别人评价说你这件事没做好、没做完，即使你本来就准备认真完成，但因为别人的言论导致心情不爽，产生逆反心理，这样一来，你做的这件事就让你感受不到乐趣。诸如此类，你就会带着消极情绪去应对下一件事，生活愉悦度自然会骤减。

所以，你得想明白生活与他人无关，一定要将自己从别人的评价体系中隔离出去，并时刻告诉自己："我努力是为了让生活过得舒坦，而不是为了只跟人要个好评。"

要知道，那些想评价你生活的人，就跟厚厚的习题试卷一样，他们的问题你一辈子都做不完。

千万不要为难自己，只做一个和自己赛跑的人。唯有如此，我们才能屏蔽那些指手画脚的声音。

安心生活，踏实工作，专注眼前，这才是对生活保持热情的关键。这样一来，我们不用拼命向别人展示生活，不用时刻向别人证明自身优秀，也就不会再有心理负担，从而可以好整以暇，慢慢享受时光，远离心神劳累。

毕竟，生活是自己的，喜怒哀乐也是我们独自承受。即使世界是舞台，可我们并不是演员，无须将生活装模作样地表演给任何人看。

千万不要对生活失去耐心

前些天,我打开知乎,有位女网友邀请我回答问题:有个不上进的男朋友是种怎样的体验?

但我看了这位女网友的描述,却发现并非她的男朋友不上进,而是她习惯了"衣来伸手,饭来张口",男朋友稍有懈怠,她便无法接受。

现实生活中,确实存在这样一类人,他们依赖性过重,缺乏独立能力,不愿意与恋人拥有平等关系,也不想承担生活里的责任。

这类人一旦发现对象不能满足自己的索求,就会以对象没有上进心为由分手。

那些被这类人以没有上进心作为借口甩掉的人,真的全都没有上进心吗？仔细想想也未必。

先简单解释下什么是上进心，它的意思是愿意付出努力，面对生活奋发向上，面对人生积极进取的态度。

然而在这类人的眼中，上进心暗指物欲，完全与金钱物质划上等号。一些实际上很努力上进的人，只是因当下状况不佳，就会惨遭这类人的否定。

"我很失望，我看不到你的上进心。"

"你根本给不了我想要的生活。"

……

这类人不想赚钱养家，只想坐享其成。他们也不愿意和恋人花时间灌溉爱情，静待开花结果，这对他们而言太漫长、太辛苦。

讽刺的是，他们越渴望得到，就越难以拥有心灵上的幸福，哪怕是在物质上得到巨大满足，也永远摆脱不了内心的空虚，或许他们从未想过人生其实可以是另外一个样子。

文宇不抽烟、不喝酒，不泡酒吧、夜店，事业心强且顾家，最喜欢恋人黏着自己，耳鬓厮磨。然而刚毕业的他一穷二白，即便再努力，也需要时间去完成事业。

当时，文宇在一家商贸公司上班，虽然没有经验，但因为勤奋好学，很快就得到了老板赏识。

万万没想到的是，一直奋发向上的文宇，很快迎来了女友的痛击，她希望文宇满足她的种种苛刻条件，否则就分道扬镳。

文宇的家境普通，又不想给家里造成经济负担，思虑再三，只有创业一搏，才有希望尽快达成女友的条件。于是，文宇从那家商贸公司辞职了，然后与朋友合伙创业，预想着做起来后，就在市里开连锁餐饮店。

接下来，他一边忙着创业，一边跟着父亲到处跑装修，一天到晚都没有空闲，累到不想动弹。

因为压力大，但又不想影响到女友，以免她跟着不安，所以文宇每天都在女友面前保持乐观，笑着和她说："不用担心，一切都会好起来。"

虽然文宇非常拼命，但是他低估了创业的难度，一年下来依然未见成效。

女友没有耐心等文宇事业有成，越来越嫌弃他。终于有一天，女友忍不住痛骂文宇一无是处，跟他提出了分手。末了，还对文宇说："看上你，真是我瞎了眼"。

她的这句话令文宇憋屈、愤懑，浑浑噩噩了一年。可生活还要继续，文宇重拾心情，去了另一座城市，才一周就在某公司做了运营总监。

为了追求更好的生活，文宇在工作之余开了家店。由于有过创业经验，文宇这次很顺利，很快就获得了丰富的回报。

这个时候，文宇已经超越了前任女友对他的要求，遗憾的是前任女友没有耐心等到这一天。

两个人在一起想要有所得，需要花时间和力气去达成，可惜太多人不懂这个道理，只遇到一点挫折就叫苦不迭，没等云开见月明，就早早选择放弃。

你以为他们失去的仅仅是耐心吗？显然，远远不止如此。

死党胖胖有个姓吴的发小，是个极度缺乏耐心的人，为不透露隐私，方便称呼，我们叫他吴恒心好了。

吴恒心初中毕业后，在外闯荡至今已有十来年。在这段时间里，他学过理发，学过厨师，进过工厂打工，形形色色的工作干过不少，可不管是哪一份工作，他都没有耐心坚持下去，就像蜻蜓点水，什么都沾，最终什么也没有学成。

眼看着吴恒心二十七八岁的人了，这样下去也不是办法，家人为他操碎了心，帮他找了一份坐班工作，每天的任务就是接电话、打电话。

然而，这份工作吴恒心才做了三天，就将行李一卷，来到了胖胖所在的城市，他跟胖胖说暂时没有工作，想先在他这里住几天。

出于相识的情谊，胖胖答应了吴恒心的请求。可胖胖没有想到，吴恒心这一住就是一年。在这段时间里，吴恒心找过数份工作，他要么觉得无聊，要么觉得工资少，没几天就辞职了，其中有一份工作，只干了不到一天就直接走人。

吴恒心沉不下心学习，更没有耐心积累工作经验，他希望找到一份钱多事少的清闲工作，最好是直接越过底层，进入管理层。

为此，他在招聘网站上专门寻找高薪水岗位，例如设计师、游戏开发等职位，他没有任何专业知识与技能就敢过去应聘。

有天吴恒心又准备出门面试，想要应聘的职业是工程师。胖胖见状，终于忍不住说出口："你为什么就不能找份熟悉的工作，别人公司人事又不是傻瓜，你什么都不懂，根本就不可能面试成功。"

吴恒心不懂这个道理吗？他当然了解自己的能力水平，但是他真的没有耐心去做回报慢的事。他幻想着一步登天，也许这份希望非常渺茫，可万一蒙混过去了呢？

这种想法虽然可笑，可这就是吴恒心最真实的想法。耐心能让他成功吗？耐心能让他走上人生巅峰吗？在他看来不能，还不如去撞大运。

耐心真的不能让人取得成功吗？

就拿吴恒心曾经学过的理发来说，我有个熟人，他的同龄人不停更换工作，唯独他一直做理发师，十几年过去，他不仅成了金牌理发师，还开起了品牌连锁店，而他的许多同龄人，正在为下一份工作发愁。

吴恒心做过那么多职业的学徒，如果他从事其中一份职业，一直专习到今天，也许他现在的人生境遇会全然不同。可他缺乏耐心的性子到现在都没有改变，就只能过着不如意的日子。

像吴恒心这般缺乏耐心的人不在少数，他们爱走捷径，爱半途而废，还总是嘲笑努力与坚持的人。

你还以为他们失去的只是耐心吗？不，他们失去的是人生中该有的更多可能。

生活是自己选的，叹息时运不济也无济于事，如果我们能学会保持耐心，这一辈子都将获益匪浅。

就像小时候，我们每个人都有不平凡的梦想，为什么到头来大部分人只能无奈地庸碌一生，真相就是我们缺乏耐心，无法将一件事坚持做到卓越。

作家马尔科姆·格拉德威尔曾提出一万小时定律："人们眼中的天才之所以卓越非凡，并非天资超人一等，而是他们付出了持续不断的努力。这一万小时的锤炼是任何人从平凡人成为世界级大师的必要条件。"

有时候也问问自己，我们渴望成为生活中的佼佼者，可这一万小时，我们有耐心达成吗？

我们的一生短暂，如白驹过隙，可这辈子有太多事情急不来，千万不要让自己对生活失去耐心，否则，失去的只有更多，让人生徒增遗憾。

你不必与自己的平凡为敌

网络上有一句耐人寻味的流行语:"我用尽了全力,过着平凡的一生。"

我们生而平凡,却都有一颗不甘平凡的心,总认为自己是最特殊的存在,应该得到命运的眷顾,拥有万众瞩目的人生。

然而,真实境况却是,没那么多人在乎我们努不努力;没那么多人在乎我们成不成功;也没那么多人将我们的生活当成电视剧,集集不落地观看;我们做不到与众不同、独一无二,也成不了焦点,只不过是芸芸众生中毫不起眼的普通人。

奇怪的是,看不清这点的人不乏少数,他们不愿意承认现实,一直跟自己较劲儿,试图用偏执来得到旁人的认同,但这种自我特殊化的手段,往往会让自己目空一切,看到别人比自己优秀，便下意识地百般否认，且忍不住发狂妒忌。

某次聚会，有个朋友跟我讨论了一个特别有趣的现象。他说，那些将就着在一起的夫妻，在结婚初期往往充满戾气，喜欢互相指责。而这种消极状态，并非全都起因于他们遇到的生活困境，也有一部分是因为，各自认为原本可以过得更好，都怪对方拖累了自己。直到他们接受了彼此都是普通人的现实，也认同了对方付出的感情，方能偃旗息鼓，携手共进。

说来可笑，有的人活了大半辈子，才突然认识到人生需要脚踏实地、轻装上阵，不需要太多的思想包袱，更不需要给自己过度施加压力。在20岁时接受父母的平凡，在30岁时接受自己的平凡，在40岁时接受孩子的平凡，把自己当成一个平凡的人，烦恼会大大减少。

这也算是从另一层面与自己达成了和解。

每个人都会经历生老病死，在喜怒哀乐的情绪里沉溺、翻腾。唯有接受自身的平凡，才能成熟起来，敢于面对这个真实且残酷的世界。

一些无法直面问题的人，会选择埋怨一切，用过度追求不属于自己的东西，来营造自己强大的假象。明明只有一千块钱，偏偏要享受上万块钱的生活。实力赶不上野心，只能不停地虚张声势，在拮据里偷偷痛苦。

有的人知道自己能力有限，便力所能及的努力，力所能及的拥有，既感到踏实，又觉得快乐。

当然，接受平凡，并不意味着要自甘平凡。接受平凡，是让你认清自己的生活边界，因为你大多数的迷茫都与之相关。如果你的生活边界不清晰，就不知道自己具体拥有什么，实际能做到什么。如此，那种唯我独特、孤芳自赏的想法，就会像韭菜一样不断冒出来，导致你固执地认为自己能够拥有一切，能够做成任何事。可结果呢，你蹉跎一生，最后什么也没做成，什么也没拥有。那种落差带来的打击，特别伤神。

作家周国平说："人世间的一切不平凡，最后都要回归平凡，都要用平凡生活来衡量其价值。伟大、精彩、成功都不算什么，只有把平凡生活真正过好，人生才是圆满。"

我们最大的勇气，就是接受了自己是个凡人这一事实。但平凡并不意味着平淡，平凡中也有很多有趣的事随时在发生。

我们可以在平凡中过着自己的小日子，守着自己的小确幸，陪着自己的小可爱。人生的至高境界，也许就是能在安于平凡时依然活得热忱。

人生哪有那么多别无选择

生活中,每当人们陷入两难的境地,就喜欢用"鱼与熊掌不可兼得"来感叹自己的窘迫。其实这是一种将复杂事物过于简单化的惰性思维,容易陷入"非此即彼"的偏误中。

虽然我们的人生中有得也有失,但很多时候"失"并不意味着彻底失去。很多人面临的问题根本不在于取舍,而是在于"兼得"存在一定的困难。实际上,这份困难并未达到无法解决的地步,只要有耐心,多花一点儿时间,就能柳暗花明又一村。

道理每个人都懂,但为什么捡芝麻丢西瓜的例子还是屡见不鲜呢?

因为太想得到,在与别人竞争时不惜使用龌龊手段;因为太想得到,宁愿找个什么都有唯独没有感情的人将就过一生;

因为太想得到，二十来岁就想要六十岁时才有的财富和自由。

对于这些人来说，人生的进度条实在太慢，与其吃苦耐劳，不如钻研捷径，用现有的东西去交换，以加快进度。

然而，现实是残酷的，偷懒节省下来的时间与精力，必然在其他地方还回去。可惜，目光短浅的人意识不到。他们只在乎短期利益，不知道命运赠送的礼物早已在暗中标好了价格。

每次遇到稍有难度的抉择，他们的想法都惊人的一致："我必须放弃……才能拥有……"

举个例子：很多人追求诗和远方的同时，片面地认为家庭是羁绊，害怕被家庭缚住手脚，拖累自己去更远的地方。于是，他们开始淡漠亲情，不与家人联络。他们觉得只有放弃家庭才能走得更远，才能拥有更大的世界。结果，他们闯荡了一圈才发现身边的人才是自己的世界，本该拿出更多的时光陪伴和呵护身边的人，但意识到的时候，已经留下遗憾。

在诸多类似的放弃里，所有问题都变成了二选一。在这种错误认知里，人们做出了极端选择，心中的缺失感越来越严重。

"我想要自由，所以必须完全放弃社交，拒绝跟亲朋好友来往。"

"我害怕孤独，所以必须放弃自我，去讨好别人。"

"我的恋情遇到一些问题，解决方法唯有放弃对方。"

……

光怪陆离的情形出现了，譬如缺爱的人，会把所有靠近的人都当作救命稻草，哪怕对方是个感情骗子，他也会劝自己接受；譬如缺钱的人，会为了物质利益蒙蔽双眼，甚至不惜出卖亲朋好友。

在缺失引发的极端渴求里，有些人逐渐变得盲目、短视、贪婪，甚至不可理喻。他们追求事业，就要丢弃理想；他们追求爱情，就要丢弃面包。

但现实不是这样的，也不该是这样。工作和理想不冲突，面包与爱情也不冲突。它们属于生活里的一个集合，本就交互，不是非得放弃一方才能拥有另一方，顶多是得到一方的时间比较漫长。所以，更应该寻找好的方式，合理分配时间和精力找到两者之间的平衡点，而不是以完全牺牲掉一方来达到目的。

一天24小时，工作8小时，如果你真有理想，怎么也能匀出几个小时做自己喜欢的事吧？

一辈子那么长，哪怕暂时没有面包，恋人双方一起努力，怎么也能奋斗出个更好的生活吧？

为什么你做不了喜欢的事，奋斗不出更好的生活？真的是因为别无选择吗?

说到底,还不是因为嫌麻烦、想偷懒,还不是因为得到太慢,觉得焦虑,就忍不住走捷径,想用现有的一切来加速补全自己的缺失。

然而,即使你能够补全缺失,也不会感到痛快。因为在补全的过程中,你又在反复失去,而这些失去本来不会失去。为此,你充满了遗憾,无论重新得到了什么,内心都会有巨大的缺失感。

那么,如何不成为二选一的矛盾体呢?

从缺失感造成的问题来看,健康的生活态度与思维方式尤为重要。

以生活方式为例子,简单分为三种:

第一种是自身受到的束缚太多,从而疯狂渴望自由,一生竭力想要摆脱牵绊,最后成为浮萍,无依无靠,无尽空虚。

第二种是过度自由,脚不落地,导致生活犹如空中楼阁,没有实感,为了填补内心的"黑洞",开始不断寻求牵绊,不惜白费力气。

第三种是找到自由与牵绊之间的平衡点,既守住牵绊,又享受有限的自由,让鱼和熊掌兼得。

可是，多数人的一生都是在前两种生活方式里打转。在不同的缺失里，他们以为从一个极端走向另一个极端，就能填补内心，获得人生圆满。然而事实却是，无论是谁，都没法用一个新问题来掩盖一个旧问题，不断用放弃A来换取B，只会陷入一个循环缺失的焦虑怪圈之中。

所以，在面临两难问题的时候，先别急着放弃。请扪心自问，问题是真的无法解决，还是解决起来有难度，需要花费时间和精力。如果是后者，就拼尽全力去解决。

一步到位的确很诱人，可那往往不是康庄大道，而是通向悬崖的跳板。

如果你畏惧麻烦，吝啬付出，用二选一来逃避生活，用循环缺失来伪装拥有，那你有没有想过，你只是看上去填补了空洞，而你放弃的拥有又成为了新的缺失。当你后悔的时候，你又准备拿什么把失去的换回来呢？

正确的方式应该是，守住基本盘，再去追求更多的东西，而不是过度牺牲现有的一切，然后去弥补缺失。

（明明鱼和熊掌可以兼得，你遇到的困境也不到二选一的程度，为什么要放弃已拥有的呢？

要知道,就算不得不放弃,也是为了过上更好的生活,而不是故意造成缺失。

愿你永远不会有两难的选择,即使有,也希望你能想方设法做到两全其美。

关于"断舍离",你理解对了吗

有个朋友在微信群里问大家:"你们会把无话可聊的人从好友列表里删除吗?"

群里一下子热闹起来,有的人说会删除,理由是双方的生活不再有交集;有的人说会选择保留,因为可以当作一段美好的记忆。

接着,朋友说:"我有好几个每天都有话可聊的朋友。"言外之意就是,那些跟他无话可说的人,留在好友列表里也没什么必要,只须留着那些来往频繁的人就行了。

看到大家讨论激烈,我也参与进来:"很少有人能够长期跟某个人有话可聊。聊得来,投缘,都是建立在有交集的基础之上。你们会因为共同的喜好、兴趣,甚至一部电视剧、一档栏目,而有了一直聊下去的欲望。不过,这种无话不谈的状态只是暂时的,随着时间的推移,你们可能会渐渐生疏。就像曾经和你无话不谈的同学、相谈甚欢的同事、形影不离的朋友……不知道从什么时候起,就不再联系了。"

我问这个在群里提问的朋友:"未来某天,如果你和现在有话可聊的人也开始无话可说,你和对方会在各自的好友列表里互相删除吗?删除之后,如果因为某些事情,你们要重新建立交集,是不是又要把对方加回来?"

和朋友一样想法的人不在少数,他们毕业或离职后,都喜欢删掉同学或同事,结果后续出于某些原因要继续来往,导致双方都觉得尴尬。

这种想法起因于网上一个很火的概念——"断舍离"。众多文艺青年将它奉为圭臬,当作自己生活的指导方针,试图将不必要、不合适、过时的人或物通通断绝、舍弃、分离,以让臃肿的生活变得简单、清爽。

定期清理不必要的人生负累,确实值得提倡,但我们应该认识到,良好的生活方式需要符合自身、行事有度,而不能生硬地套用某种概念。

"断舍离"的本意是,不让自己承受不必要的负担,从而腾出空间和时间，更有效率地生活。然而，有的人却拘泥于形式上的"断舍离"，每隔一段时间就要强迫自己丢弃一些物品或删掉通讯录里的一些人。这样一来，原本可以带来舒适感的好办法不仅达不到预期效果，还加重了他们的心理负担。

后来，那个微信群的朋友私下对我说，他定期清理好友列表，是想让生活变得简单，不用处理复杂的人际关系。可是，他得到的简单并没有让他感到快乐，反而令他感到落寞、空虚。遇到烦恼的事，不知道该找谁倾诉；想出去玩，也不知道该找哪个人同行。他这种定期清理好友的行为，导致他无法跟别人拥有长期的友谊。

我认为，要想正确履行"断舍离"，就要明白那些所谓的负担对以后的生活有没有益处。

暂时的负重前行不一定是坏事，暂时用不上的物品不代表以后用不上，暂时断交的关系以后可能会重新联系。过早地做了减法，以后再需要时，又要花费更多的力气去重新获取。而有些人或物，失去了就再也不可能拥有。

那些完全无用的物品和人际关系，我们才能去删减。如果我们在精神、物质上都不富有，房间、脑子里都空空荡荡，就没有必要去"断舍离"。否则，我们一边填补空洞，一边丢弃，就像在捡芝麻丢西瓜一样，不仅没有得到刚刚好的舒适生活，反而痛苦不堪。

为什么如此大费周章地"断舍离"，最后却带来了不太美好的体验？

因为"断舍离"这道人生减法不仅要做对，而且不能绝对，更不能把它当成唯一的生活指导。充实且幸福的人生要靠加法和减法并行，只加不减，负重累累，只减不加，空虚落寞。

我们要时刻告诫自己，生活是无序的，当下觉得舒服的人和事，可能以后会让我们不舒服；当下觉得不舒服的人和事，可能以后会给我们带来惊喜。

那些正在经过我们生命的人，无论他们是不是过客，愿意多待一会儿的人，我们就多聊一会儿；准备走远的人，我们就挥挥手告别，让一切顺其自然。

是断、是舍、是离，抑或紧紧抓住，早晚都会有答案，千万不要自作聪明，多此一举。

也许，你从来就没当过千里马

有一种落差叫作身边的人都过得比你好；有一种优越叫作我就是比身边的人强。前者是瞧不见别人的优秀而生出的嫉妒之心，后者是毫无来由的自恋。

每当一些人尴尬地发现，自己只能在朋友圈看别人走遍世界，看别人晒各种风景和美食时，一边想着这样的好事怎么不落在自己的身上，一边玩着手机直到凌晨困顿才打着哈欠睡去。长此以往，怎么可能比得过较之你更努力的人？

这种差距其实在你的学生时代就初见端倪。

当你的同学在认真完成作业的时候，你只顾着玩，玩够了就问那些成绩好的同学："能不能借我抄一下？"

你懒得将时间花费在课本的知识上，只想着上课的时候为什么不能出去玩,或者学校附近哪家店里有新的游戏卡。

当其他同学在准备即将到来的考试时,你抱着游戏机,心想,这比那些无聊的书有趣,反正到时候参加考试,问成绩好的同学要答案就行了。

然而当别人取得好成绩时,你振振有词:"有什么了不起,不过是书呆子一枚。"

再后来你以不够理想的成绩考到不算太好的学校。你骄傲地告诉自己:"很多出人头地的人都成绩差,我一定能飞黄腾达。"

随着大学生活的到来,你的荷尔蒙开始旺盛,在学校里找到了所谓的爱情。每天写着不知道从哪里抄来的情书,你说这就是爱啊。可是你想用抄来的文字去讨好别人,却从不费心思创造一句原创的甜言蜜语,那是爱情吗?

只是动动嘴皮子,你就坚信自己比别人强,做什么会什么。如果你真的像你想得那样优秀,那为什么你喜欢的女生看不上你呢?

你在学校厕所里抽烟,在宿舍里喝酒,以为干了这些,就是一个特别厉害的人。你这样混日子,身边同学都各有成长,唯独你还是冥顽不灵的老样子。

你经常在上课的时候睡着，以为以后工作也会有别人来帮忙解决。所以，当时的你看着奋斗的人，嘴角上扬着嘲笑。

整个大学时光，你不只爱玩，还为每次偷懒而欣喜。你从没有去做过兼职，因为你嫌工作太累。你也没有认真上过一堂专业课，因为你觉得读书无用，学得再多，以后工作也用不上，你不需要花费力气，考试抄抄别人的就行了。将这些时间花在打游戏上，对你来说更有吸引力。

于是，你在宿舍玩了一天又一天。有时候甚至一个月都不出宿舍门。

日复一日，你吃着成箱的泡面，喝完了成堆的汽水，没日没夜地虚度光阴。

一转眼四年过去，终于，你毕业了。

你没有积极向上的爱好，也没养成好的生活习惯。因为你在影视剧中看到了成年人争夺利益时的虚伪，就天真地以为现实中那些优秀的人凭借的是人脉堆积。你以为成熟就是相互客套，从来没做过任何一件提升自我能力的事情。

但你依旧觉得大展宏图的时机到了，心里忍不住呐喊："颤抖吧，世界！"

因为眼高手低，你专门找高薪水的公司去应聘。你屁颠屁颠地跑去应聘人力资源部门的经理，可是你连"HR"是什么意思都搞不清楚。

被面试官拒绝后，你将目标放小了一点，想去当一家餐饮店的店长。人家说："服务员，洗碗工，你干不干？"你觉得这对你来说是奇耻大辱。

结果满大街转一圈，你也没有找到满意的工作，每一家公司都只拿你当廉价劳动力。你特别不满，想着自己这样的人才居然得不到重用，那些公司都是有眼无珠。

你觉得自己明明很努力，每天都在寻找薪资高又清闲的工作，可偏偏没有一家公司对你垂青。你只好寄希望于父母。

可他们只是这座小城市里的小人物，没办法让你身居高位，劝你先找一份保证生存的工作。你无奈地接受了现实。

每天朝九晚五，两点一线，你做着没有创意的工作，一边庆幸不用耗费脑细胞，一边又愤怒现实不公，抱怨自己没有得到施展才华的机会。

但真让你想想自己能做些什么，你又想不出来。

你将这一切都推给命运。你说："我这么平庸全都是命运安排，不是我不努力，我每天都在努力，我每天都在辛辛苦苦上班。"

可每个月到手的工资那么低,你的心里充满了愤怒。

为什么当年和我一起读书的同学,能够过得那么风光?一定是他们家里有钱!

为什么我以前的女同事可以周游世界?一定是她的老公有钱!

他们凭什么都过得比我好?他们根本不像我这样辛苦!

连他们这种人都能出人头地,为什么我不行?

你开始变得暴戾,却从来没有想过,这一切只是因为他们比你能力强,比你工作卖力。

你真的知道你为何到现在还如此平庸吗?你真的知道你为什么得不到咸鱼翻身的机会吗?

不是伯乐没有发现你,而是你从来就没有当过千里马。

第三章

永远不要等别人来成全你

THREE

你的考验，对别人是种伤害

关于恋人之间的忠诚度测试，网上有一项业务：测试对象的忠诚度，测试通过收费100元，测试没有通过只收30元。

这对卖家来说是一笔稳赚不赔的生意，但对于情侣们而言就未必了。

在这种测试里，情侣双方都是输家，因为这种行为消耗的是最宝贵的信任，损人不利己。道理谁都懂，可还是有人忍不住去测试自己的另一半。

他们打着考验真心的旗帜，想要知道对方爱不爱自己，或者爱到了什么程度？有没有到永远不放弃自己的地步？有没有到就算面对诱惑也不为所动的地步？

有句话叫作，真正的爱情需要经得起考验，但很多人搞错了一点,这个考验指的是情侣在感情路上自然发生且要共同面对的困难,而不是人为单方面使绊子,最可笑的是这些人还做出一副不绊倒对方誓不罢休的架势。

考验方抱着考验忠诚是理所当然的这种想法,不断地试探着恋人的承受下限。

这就好像是两个人本来好好地生活在一起,日子也过得充实,就差选好良辰吉日结婚。突然有一方开始担心,觉得这样结婚心里不踏实,这辈子都要交给这个人,以后对方腻了怎么办?以后对方移情别恋了怎么办?那种情况想想都可怕,越想就越觉得要考验一下恋人。

试探了一次,自己的恋人拒绝了。又试探第二次,还是被拒绝。再试探第三次、第四次、第五次,乃至更多的次数,直到诱惑到自己的恋人产生动摇。

然后整个人感觉天塌了下来,痛苦万分,斥责恋人不够忠诚,直至自己不再相信感情。

举个例子吧。

某个女生和男朋友在一起五年,准备选个日子结婚。但女生心里觉得不踏实,就要选择终身伴侣了,眼前人真的是对的人吗?闺蜜帮她出谋划策:"要不我们来考验一下你男朋友吧。"

怎么做？由闺蜜假扮男生的仰慕者，先是每天跟男生发信息表达爱意。男生的确很爱自己的女朋友，直截了当地告诉女朋友闺蜜："我很爱她，你这样不合适。"

如果考验到这里就结束，相信故事也会很圆满。可女生却不这么认为，她觉得要加大力度，测试男生的抗诱惑极限。闺蜜照做，开始和男生聊一些露骨的话题。

整个试探过程有可能会进行一星期、一个月、半年，男生只要未能禁得起诱惑，他和女朋友的感情就会破裂。可是，他的女朋友不会认为造成这个结果是自己的问题。

可能会有人争论，那这些测试的结果的确是对方经不起诱惑啊，难保对方以后遇到同样的诱惑不动心。

而我想说的是，喜欢进行爱情考验的情侣，有多蠢我不知道。但我知道一个热衷于试探人性弱点的人，永远得不到幸福。因为他们会一直考验自己的爱人，考验到爱人无法再给自己提供真心，考验到爱人对自己忠诚度不高为止。

如若不是你的恋人深爱着你，让你任性，你有什么资格用这些难堪的方式考验你的另一半。要知道美好的东西往往脆弱，也许每个人都能禁得住生活中的磨难，但未必禁得住一次又一次人为设置的考验。

在人性的弱点中，每个人都有禁不住诱惑的时候，只是每个人抗拒诱惑的意志力程度不一样，有的人坚定一些，有的人薄弱一些。

人只有在悬崖边上才会觉得不安全，所以最好的方法就是别让自己站在悬崖边上，尽量别让自己和对方有被诱惑的机会。

在这里给情侣们一个小建议，对于恋人，在对方对你温柔体贴，你也确信对方爱你的情况下，千万不要互相试探。毕竟两个人想要生活在一起，光维持感情的新鲜感就已经不易，如果你还人为地去给自己的感情创造困难、制造阻力，那海枯石烂、白头到老这些词在你身上永远都不可能实现。

如果你的另一半就是喜欢考验你，还乐此不疲，在沟通无效的情况下，请跟对方说："我希望我是能够陪你一直到老的人，但如果你对我实在没有信心，那我无论多努力都是在做无用功，我们继续在一起也没有意义。所以，请你赶紧和我分手吧，既煎熬自己又折磨别人，何必呢？"

自爱远比他爱更重要

有段时间,网友们很喜欢找我倒苦水,不停地倾诉生活里的烦恼,其中有一类问题特别有意思。

"我的同学不喜欢我怎么办?"

"我的室友不喜欢我怎么办?"

"我的同事不喜欢我怎么办?"

……

为了和那些讨厌自己的人处好关系,网友们低声下气、百依百顺,但收效甚微。不喜欢他们的人,依旧会对他们表达不满、冷眼相对。然而,越是遭到冷漠对待,网友们就越想获得对方的好感,这简直就是人间魔幻。

有个女网友就曾以一种天塌了的语气问我:"我有个室友,

不知道她为什么讨厌我。我想跟她好好相处,经常主动帮她带饭、拿快递,还把自己的物品分享给她使用。可是,她却对我百般挑剔,动不动就揶揄我。我究竟哪里做错了呀?"

看到她怀疑人生,反省自身,我也有点怀疑人生。因为类似于这位网友的案例,在职场、生活里比比皆是。

我忍不住感叹,这个世界怎么了?喜欢热脸贴冷屁股的人为什么这么多?

于是,我用一段话统一回复了这些困惑不已的人:不管是同事还是同学,或是其他圈子里的熟人,很多时候,你们都只是彼此的过客,今天在同一屋檐下,明天可能就分道扬镳,你们的圈子只是短暂相交,不会一生相融,更不可能成为一辈子的朋友。既然如此,为什么要在意他们的看法?他们讨厌你,你就别跟他们来往了,把更多的时间和精力花在喜欢自己的人身上,不就好了,何必要自讨苦吃?

至于这些人,为什么喜欢憋屈自己,过于注重别人的评价呢?

原因跟他们的依赖型人格有关。从小缺乏关爱,总是被否定、被比较的人,在成长过程中,就会逐渐产生这种人格。

"别人家的孩子就是好,你看看你。"

"你怎么这么笨，多跟别人学学行不行？"

"你要是能做到别人的一半，我也不至于这么累。"

……

这些话大多数人不会陌生，长此以往，潜移默化之下，经常受到打击的人，就会缺乏自信心和独立能力。

因为得不到认可，就事事想被肯定；因为感受不到关爱，就希望从别人身上得到温暖，甚至不惜伤害自己。

在我们的生活圈里，会看到一些自我形象比较孱弱，总是轻视、贬低自己的人，他们温良恭顺，但遇事退缩，不爱承担责任，还容易顺从别人的不当要求。当他们所依赖的对象不在身边时，心里就会惶恐不安。相较于独立自主，这些人更希望别人能安排、控制自己的生活。

我有个关系要好的女性朋友小陆，她特别缺爱，特别害怕孤独。由于在外地工作，当地的朋友寥寥无几，她就将男朋友视为安全感的最大来源。即使男朋友跟她提出分手，她还是卑微地挽留他，想跟他继续住在一起。她自甘轻贱，不仅经常给对方买礼物，还承担一切生活开销。

小陆付出如此之多，男朋友非但不领情，还时常责怪她做得不够好。为此，小陆越发害怕失去他，开始不断反思自己，竟然真的觉得自己有问题。

小陆跟我说生活已经变得一团糟了，她感到痛苦，想走也走不出来，希望有人能拉她一把，问我该怎么办。

我告诉她："你不是想走也走不出来，而是压根儿没往岸边游。人掉到水里，正常人都是往岸边游，你非但不往岸边游，还往深水里扑腾，就算别人想伸手援助，心里也会犯怵。"

我跟小陆说了很多，但最终发现她只是想倒苦水，回过头依旧讨好男朋友，持续性郁郁寡欢。

我突然明白了，拥有依赖型人格的人，不是不能改变，而是他不愿意改变，并觉得饮鸩止渴见效更快。

的确，人是群居性动物，一生都要交朋友，寻找归属感，想要获得他人的肯定和好感，这很正常。但如果只想靠别人的肯定和好感生活，完全迷失自我，那就属于本末倒置，这很不正常。

一个人想要自在且幸福地活着，一半要靠"自爱"，一半要靠"他爱"。那些完全放弃自爱而注重他爱的人，在人际交往中，先天矮人三分，容易失去分寸和对等的关系。

在电影《被嫌弃的松子一生》里，女主角松子就因为极度渴望被爱而陷入泥潭，一生坎坷曲折，明明付出了那么多，最后却落个悲惨下场，令人嘘唏。

看到那些同样执着"他爱"，而丧失人生主动权和自我的人，我有时候会感到惋惜。他们原本可以更加快乐，却总是在自讨苦吃。

其实，解决依赖型人格的办法非常简单，那就是对自己好一点，但可惜的是，很多人做不到。

父母和老师教我们为人处世，大多是如何获取外在评价，从而得到更多的"他爱"。但我们千万不要忘记，在寻求"他爱"的同时，一定要学会"自爱"。

我能理解孤独寂寞的滋味，也知道别人的关心如同安慰剂，能让人上瘾、着迷。

来自他人的爱，肯定了我们自身的存在，让我们感觉自己是被需要的人。但我们都是成年人了，要懂得成熟一些。热了就自己开风扇；冷了就自己添置衣裳；能自己处理的麻烦和情绪就自己处理，不要去等别人来照顾自己，那样的矫情，很耽误正常生活。

也许成为一个脆弱不堪的人，可以在别人的怜惜里寻求安心。但这种安心太过单薄无力，别人一旦抽身而退，你就会满盘皆输。

当然，人是血肉之躯，并非不能示弱，我要说的是，相比于让别人踩着七彩祥云来拯救你，不如让自己披上铠甲，这样你就能抵御更多的伤害，杀出重围。

只有先自爱，我们才能够好好生活。所以，千万不要将一切都寄托在别人身上，那样的生活方式，只会造成各种不幸。

得不到的感情最好放弃

一天早晨，你在心里给自己加油打气，想去跟喜欢的女孩告白。你准备将所有的心里话，所有的喜欢，全都告诉她。

当你苦思冥想如何开口时，她来了，问你傻愣着做什么。可是你心生胆怯，那些你想要说出口的话到了嗓子眼，还是说不出来。

真是尴尬啊！

于是，你支支吾吾半天问了她一个问题："如果我说我喜欢你，你会怎么办。"

她先是一愣，然后笑得花枝乱颤："好端端地，跟我开什么玩笑啊，我们之间又不可能。"

你应当明白，其实她完全知道你的心意，只是她装作不知情，委婉地拒绝了你。

而"我们之间又不可能"这句话在你心里炸开，犹如山崩地裂。你的心房仿佛被什么堵住了一样，明明憋得难受，你却还是对她笑了起来，故作轻松地说："别介意别介意，我这不是在逗你玩嘛。"

从此这份满怀真挚的感情就这么被你深埋在心底，你在上面盖上泥土，盖上砂石，生怕被她看见。

它像是一株在你心中蔓延的植物，正在从生长旺盛到渐渐枯萎。这时你才明白，喜欢一个人没有那么简单。

之后的一段时间里，你依旧小心翼翼地对她好，喊她出来吃饭、聊天。

表面上看，你真的在跟对方交朋友，可你知道事实并非如此。你是喜欢对方的，同时也希望她喜欢你，但你求而不得，这就成为了你痛苦的根源。

直至有一天，你发觉你们之间真的没有一丝可能，才认清现实，选择放弃。

然而在放弃之前，这份坚守既困难又令人难过，就像是给自己埋下了一颗种子，你不知道它什么时候会发芽，也不知道它会不会结果。

可纵使希望渺茫，却还是有许多如你这般的人，期待着，希冀着，希望这颗深埋在心底的种子，能生长起来，能开出花来。然而悲哀的是，你能做的，只有徒劳无功的等待。

这一份深厚沉重的念想，有的人能守得云开见月明，他多么幸运呀！有的人却只能无奈地选择放弃，无可奈何。

在感情中，当心上人恰巧喜欢自己，心中那份喜悦根本无法用言语来表达。

双向奔赴是所有追求者都憧憬着的事情，但这种愿景换来的通常是事与愿违，由此导致追求者的观念两极分化，一种是很久以后我依然相信有爱情存在，但我不相信它会落在我身上，因为我没有那种运气；另一种是我再也不相信这世界有能努力得来的爱情，再也不相信只要等待就会有收获，所有美好的事只会在电视剧、小说里发生，总之一切都是骗人的。

无论结果是哪一种，都是一种悲剧，遗憾的是这种悲剧难以避免。因为多数时候，你喜欢的人并不喜欢你。

虽然现实如此残酷，但我们可以让悲剧存在的时间变短，最好的办法就是让自己勇敢一点，大胆表白。

也许你担心如果跟心上人表白，对方却没有接受自己，那是不是就意味着失去，你们之间就再也没有任何可能。

我的建议是你先让自己清醒一点。

第一，你从来就没拥有过对方，所以根本就不会失去对方；第二，对方如果真的不喜欢你，你就算死守到海枯石烂，人家也不会喜欢你；第三，毫无希望的感情，好好哭上一回就放弃，不要耗尽内心的火热，否则，你以后遇到对的人时，又该怎么办呢？

在你表白后，得到的反馈无非只有两种，一种是对方也喜欢你，另一种是对方不接受你。

前者好说，你情我愿皆大欢喜；如果是后者，你也可以早一点抽身而退，避免沉沦。

早些放弃不可能的执着，即使再痛苦也只是暂时，你迟早有一天会走出阴影。

相反，如果你苦苦追求，死也不放手，你不仅会为此难受很久，未来还会变得矫情做作、伤春悲秋，而你得到的坏结果不会有任何改变。不爱你的人依然不会爱你。你会在毫无回应的等待里蹉跎掉大好时光。

有些追求者，他们单恋一个人的时间，有一年、三年、五年，或更长。他们的相同之处在于，总说爱一个人就要爱一辈子。可他们知道一辈子有多长吗？普通人最多也只有百年。他们能把自己人生光阴的十分之一、五分之一，乃至全部都耗费在一个不爱自己的人身上吗？

曾经认识一个男生，他喜欢一个女生十年。这些年来，他们的关系只停留在"相识"阶段，再也没有增进一步，聊天的话语里就连暧昧都不曾有过。

如果这个男生能活到一百岁，就相当于他将十分之一的时间都花在了那个女生身上。

我问他为什么执着于没有结果的事。

他说，他对这份感情其实不再抱有希望，也没奢望能和她在一起，以后会跟别的女生结婚、生子。但是结婚的时候他有一个要求——告诉同他结婚的女生，自己最爱的还是那个爱了十年的人。如果对方不能接受，就不要在一起。

嘴里能说出这样的话，这个男生显得可怜又自私。

他只想到了自己的悲情，却没意识到自己将要对别人不公平，他的想法已经脱离了痴情的地步，步入了极端的边缘。

说到这里你该明白了吧？当遗憾成为一种可怕的执着，不仅消耗了自己，也是对未来伴侣的不负责任。

既然你明知自己得不到，为什么不果断分手，重新开始呢？难不成还妄想给自己准备一个替代品，让自己一辈子都活在对另一个人的幻想里吗?

不过是一份得不到的感情,付出这么大的牺牲一点也不值得。

只有放弃得不到结果的感情,让注定在生命里留下遗憾的人,都成为过去,生活才会有新的开始。

而你会在茫茫人海中遇到新的人,会在繁盛的森林里找到新的树,至于差点让你吊死的那棵树,就忘了吧。

别害怕孤独，别拒绝勇敢

人这一辈子能够遇见多少人？假设每天平均遇见的人数是200，那按活到70岁算，人的一辈子可以遇见511万人，这里头能令你牢记的名字，即使是用完你的一生，也可能不足2000个。

在这些人里，和你不欢而散、老死不相往来的会占去一部分，和你不得不离别的同学、朋友又占去一部分，和你生离死别的亲人，又会占去一部分。

面对这一切，你无能为力，只能不断遥望别人的背影。

你从出生的那一刻就在哇哇大哭，是不是潜意识里就知道长大会孤独呢？所以后面的一切都顺理成章了，你从幼年期就开始寻找能够依赖的伙伴，可是这些人只能算玩伴。

他们会在你的成长中和你天各一方，所以你到最后究竟要找一个什么样的人呢？

有没有天长日久、永不改变的关系？

目光所至，暂未拥有，所以我们才会因为时间变迁、距离改变而对感情产生怀疑。

那些被我们认为对的人，会一直好下去的人，随着时间推移而逐渐消耗热情。

如果只是将朋友、同学看成漫长路途中的补给站，那这一切就能说得通了。

就好像你的孩童时代的伙伴，你们一起上树抓鸟、下水抓鱼，一起躲过坏孩子的追赶，一起挨过父母的责骂，甚至还一起鼓捣过很多小玩意儿。你回忆这些，热爱这些，发誓友谊地久天长，但在时隔多年以后，你还能记起伙伴送给你的礼物吗？你能在因距离拉长而失去的联系里不对他陌生吗？你还会再相信他说的每一句话吗？

你的少有联络其实就是答案，你害怕时间改变了他，你担心他不再是曾经模样，其实你在对方眼里也变得无比陌生。

从相识开始，我们都在练习成为过客。

毕竟大家已经将力气用在了在生活中挣扎，就没有多余力气顾及其他。

从一开始花大量时间来寻找归宿,到不可避免地在挣扎中变得狭隘和自私。

我们拒绝去参加与老同学们的聚会,拒绝用心与周遭的人交往,用比钢筋水泥还坚固的东西给自己设了一道围墙。

有些人明白得晚,花大把时间后悔那些本该做的事,有些人明白得早,却也逐渐对生活失去耐心。

如果朋友是现成的就好了,不用掏心掏肺;如果感情是现成的就好了,不用害怕付出没有回报;如果所有都是现成的就好了,不用费劲心血去经营就能得到一切。

这样想的人,心里一边觉着寂寞,一边觉着烦恼。

为什么人们喜欢去灯红酒绿、人群喧闹的地方,有一部分是因为想看到同类,看到他们跟自己一样失魂落魄。

这种无聊的自我安慰是从什么时候开始的呢?还是所有症结早就穿插在人生轨迹里?

到最后才发现,儿时玩伴不再被自己当作朋友,学生时代的同学,也不再是自己熟悉的模样。

我们在社会中摸爬滚打结交的酒肉之辈,或者一个被自己口头承认的恋人,他们会是陪伴你一生的人吗?

少有人能坚定不移,因为时间带来太多可怕的东西,我们一旦走错，就要承受这样或者那样的伤害。

只有勇敢的人才能找到改变的契机，可找到答案容易，但一直坚持答案却很难。

所以有的人随遇而安，在小圈子里挑选合适的对象，认为能凑合一辈子就已经不错，还安慰自己："身体里的荷尔蒙都在催促我找对象，我有什么理由孤单呢。"

不管这种"凑合"多么浅薄，他们认为只要有人在自己身边就好。

可事实却是，这种廉价的陪伴，还没经历生老病死，就在最短的时间里过了保质期。在这种情况下，又有什么理由随便找个对象来共度一生？

相对于解决暂时的孤单，寻找到相依为命的人才更为重要。

哪怕生活会有太多不确定，与其等到将来某一天后悔现在的选择，还不如现在勇敢一点。当你觉得孤单的时候，告诉自己："从来没有人能打败你，能打败你的只有不安。"

感情失败,是安全感出了问题

据我了解,在感情生活里,伴侣双方经常因为缺少安全感而引发各种问题。

安全感的来源有两种,一种来自精神层面,属于男女交往时内在关系的交流;另一种来自物质层面,属于男女考虑稳定生活的外在保障。

每个人都期盼美好的感情,然而"愿得一人心,白首不分离"这种愿景实属难事。

在浮躁的风气中,大家对爱情越来越缺乏耐心,没有多少人肯花时间来与对方磨合,只好将评判的标准多数放在物质条件上。

从"这个人能不能给我安全感"到"这个人拥有什么才能

给我安全感",这两者之间存巨大的差别,也是人们在面对感情时很常见的两种态度。

一种是没有物质层面保障的精神恋爱,另一种是没有精神层面交流的物质恋爱,这两种对待感情的态度都是不完整的。

当两个人在精神上不足却只追求物质时,或当两个人在物质上不足却只追求精神时,会产生多少矛盾,可想而知。

彼此都缺失了重要的一部分,就意味着这两种状态难以让感情长久。

针对第一种,有个例子:

在大学里,男生与女生接触很久,终于接受彼此成为恋人。他们在学校里度过了美好的几年,但毕业时却宣告分手。原因就出在物质条件上,双方还没有找到合适的工作,缺少未来生活的基本物质保障。

针对第二种,有个例子:

女生通过家里的相亲介绍嫁给家境很好的男人,两家父母都很满意。至于女生的想法——这是一个长相不错,经济条件也不错的男人,她也很满意,人生在世要的不就是这种物质保障吗?不用跟着穷对象吃苦,省去了多年的奋斗。但因为缺少感情基础,没有精神交流,这样的婚姻大概率会发生悲剧。

想要在感情的世界里长长久久,单靠从恋人身上获得安全感是不够的。

长久的爱情需要条件,首先,两个人要有感情基础,并愿意为以后的生活奋斗和努力。其次,两个人要在彼此身上看到希望,不会因为温饱而担惊受怕。最后,两个人要患难与共,对自己负责,也要对对方负责。

这些条件,你满足得越多,你和对象生活在一起的基础就越牢固,反之,你和对象之间的感情就越容易产生动摇。

如果你觉得对方给不了你安全感,在放弃对方前,好好想想这两个问题:

你和恋人面对的窘境是暂时的还是不可改变的?

你相信你的恋人吗?你的恋人也同样信任你吗?

女生不能将安全感建立在男人的给予上,男生也不能在生活里毫无担当,双方都要勇于承担自己的责任,以更好的生活为目标,一起做生活的主人,而不是沦为彼此的附属品。

女生的经济不够独立,吃穿用度都要看男生的脸色和心情,生活不会美满。

男生看着女生跟着自己受苦,却无能为力,只能说些哄人的话,日子也不会好过。

人的一生，除了与对象做伴之外还要自我增值。寻找伴侣是为了获得安全感，而完善自身是为了给伴侣安全感。

唯有满足这两点，两个相爱的人才会发生牵绊，否则感情天平失衡，在经过一番残酷的挣扎之后，得到的便只有患得患失和一段悲剧。

追根究底，何谓美好又长久的感情？其实就是在恋人身上获得安全感和给恋人安全感，这两者的输入和输出，需要持续。

为什么世上有相互依靠这个词语？

因为我们强大且无畏，同时又懦弱且无知，有些时候，我们需要依靠别人，别人也是如此。

我们从恋人身上获得安全感时，也要时刻给恋人准备一份保障，既完整了自己，也温暖了恋人。如此，那些在一起时的美好愿望，才能开出最好看的花来。

我爸妈不同意我跟你在一起

我收到过很多人的情感咨询,从他们糟糕的爱情经历里,我总结出一句话:他们从来没有料到,所有美好的开始到最后竟然会遇到那么多麻烦。

不少感情迈向结束的缘由,也都是从那些麻烦中诞生的。

你那么爱一个人,甚至都没有想过以后会遇到困难。你自信满满地认为,一定能和爱人白头偕老。

然而,你期盼的生活没有到来,反而是恋人扭扭捏捏地说有一件事想要告诉你。你很疑惑,对方要跟自己说什么事,为什么脸色这么难看?

在你刨根问底地追问下,你得到了答案:是恋人的父母下了最后通牒，他们坚决不同意你们在一起。

恋人对你说："我爸妈不同意我跟你谈恋爱，他们觉得我能找到比你更好的对象，希望我赶紧和你做一个了断，然后去跟他们介绍的人相亲。"

听到这里，你瞬间明白，你们感情路上最大的拦路虎——恋人的父母，带着对你的质疑，就这么突兀地出现了。

他们不遗余力地反对你们，还不断地给你的恋人介绍"优质"异性，劝导你的恋人听从安排。

他们会跟你的恋人说："大家都是这么过来的，你不听我们的安排就是不孝。"

他们会跟你的恋人说："没有为什么，我们就是不同意。我们给你介绍的对象不更适合你？你跟他相处看看，就知道我们说的都是对的。"

他们甚至还会跟你的恋人说："你不听我们的安排，我们就当没你这个不孝子！"

……

有些情侣就是在父母这些反对声里分手的，因为他们从小被父母管制，根本生不起反抗之心，即使因为不甘心而略有挣扎，旁人也会偏帮父母："你爸妈都是过来人，你要相信他们不会害你，只要听他们的话就对了。"

一味地听从父母，先不论对不对，但他们表达的意思大多是："不要忤逆我，不要顶撞我，否则你就是不孝。"

在父母这样的话语下，恋爱中的子女会不由自主地感到害怕，并失去对感情的信心。

有个姑娘问我："老乔，我最近很苦恼，我的男朋友来到我所在的城市，我把他介绍给父母，但父母强烈反对我和他在一起！"

我反问："你爸妈为什么反对你们谈恋爱？"

姑娘回答："父母嫌我男朋友长相普通。"

父母不停地劝她："我们也是为你好，就他那个样子，如果以后你们结婚，不仅你带出去没有面子，我们也没脸让别人看见，同事和亲戚指不定在背后怎么笑话我们呢！"

就为了面子，父母逼着姑娘和男朋友分手。无可奈何之下，姑娘只好假装跟男朋友分手，开展地下恋情。

结果，假分手当晚她爸就发话："分手了就好，爸给你找个更好看的。"

姑娘觉得难过，原来在父母眼里，她幸福不幸福不重要，快乐不快乐不重要，重要的是有没有面子，不给他们丢脸。

这个姑娘的遭遇不是个例，阻拦孩子感情的父母并不罕见。

我曾收到一位女读者的情感咨询，为了称呼上方便，就叫她茉莉吧。

茉莉和男朋友在一起快两年了，两个人经历风风雨雨，习惯了彼此的生活，一个想嫁，一个愿娶，这是世间最美好的事。

可是，茉莉的父母并不看好两个人，他们觉得茉莉男朋友的家庭条件配不上女儿，还说茉莉男朋友平时话不多，显得木讷，以后不管什么事都要让茉莉操心，在一起生活肯定会辛苦。于是，茉莉的父母义正言辞地进行干涉，勒令她跟男朋友分手，不许反抗，不许拒绝。

茉莉心里一万个舍不得，但她想不到办法挽救这段感情。

我就问茉莉："你们俩在一起两年了，那你觉得同他在一起生活，辛苦吗？"

她提到男朋友时特别幸福："我男朋友是个很好的人，他的工资虽然不高，但是我想买的东西，他宁愿苦了自己也要给我买回来。我是个脾气特别暴躁的人，但他从不计较，心甘情愿地忍让我、原谅我。我和他在一起特别快乐，只要有他在，我整个人都会放松。"

茉莉说完跟男朋友的甜蜜爱情后，又开始苦恼，她的父母都在反对，她也不知道该怎么让父母改观。尤其是茉莉的父亲已经放话："你如果再不懂事，我就要跟你断绝父女关系，就当没有你这个女儿。"

茉莉与男朋友的处境变得尴尬起来。他们都不想放弃彼此，可又不知道该如何坚持下去。

现在的处境是，茉莉的家人不停地介绍相亲对象，想让她息了和男朋友继续在一起的心思。

听着茉莉低落的语气，我安慰她："你不要跟父母对着来，先暂时和你男朋友转为地下恋，家里给你介绍对象，你就说你不想那么早结婚，把这事敷衍过去。然后你和男朋友加把劲做出点成绩，叫他们刮目相看，让他们知道你们在一起的决心。"

想想也觉得好笑，有的父母因为从小到大习惯安排子女的生活，一旦儿女想要脱离掌控，就会引起他们的不满。

他们总说为了儿女好，可是生活自始至终都是自己的事，遇见了深爱的人就变成了两个人的事，他们可以用过来人的经验给儿女的选择提供参考，但不能代替儿女去做选择。

他们也无法保证，为儿女挑选的人就能让其一辈子无忧无虑、幸福快乐。

他们为儿女挑选的结婚对象，只符合他们自己的眼光，不一定适合儿女。

儿女一旦接受了他们的安排，就等于被框在他们限定的生活圈里，永远跳不出来。

这类父母可不管儿女高不高兴，只要儿女不脱离他们的掌控就行。否则，他们会不厌其烦地劝说，一切是为儿女着想，大家都是这样过来的，只要过久了就会习惯这种生活。

可不从实际出发，不从尊重个人需求出发，一切想当然地为儿女好，都不靠谱。

这也是为什么大多数人反感父母干涉自己的婚姻。

我的小学同学阿威，与心爱的姑娘恋爱三年，原本准备领证结婚，可没想到姑娘的父母从没有考虑过让阿威当女婿。在他们眼里，一个20岁出头的小青年在物质上如此贫瘠，是无法给他们的女儿幸福的。他们希望女儿多见见家境不错的相亲对象，开拓眼界，不至于被阿威这个穷小子给忽悠走，不然太不划算了。

为这事，姑娘没少跟父母吵架，最后在她的竭力坚持下，父母总算同意了她和阿威的婚事。

等我再次碰到阿威时，他已经开了好几家寿司店，不说大富大贵，但日子也在不断往好的方面发展。

谈到感情经历时，阿威特别感慨，说幸好这份感情不是他一个人在死撑，妻子当时只要稍有退意，不再坚持，他们之间就再也没有可能。

我有些羡慕他们，羡慕他们为彼此认真，可以相互支撑，打败了现实，终成眷属。

不是所有情侣在遇到困难后，都愿意为对方坚持。有太多人失去了那份为爱付出的勇气。

准备走向婚姻的情侣中，有很多人都会面临"我爸妈不同意我跟你谈恋爱"这个问题。处理得好，就能和心上人双宿双飞；处理得不好，就会和深爱的人一拍两散。

对于将精力和时间都投入感情里的情侣们来说，后者让人难以接受，但令人无奈的是，有时候不得不接受父母的安排。

他们没有意识到，到了那个地步，自己失去的不仅是伴侣，更是主动选择生活的能力。

知道最大的讽刺是什么吗？就是你可以爱上一切你可以爱上的人，但你无法选择和其中任何一个人在一起，因为你已经将你的生活交给了父母来操纵。

正如一次恋爱长跑，你同爱人齐心协力，想要一起到达人生的终点，半途中你的父母出现了，他们紧紧抓住你的手臂说：

"我们看不到你和对方有什么美好未来,不要再和对方一起跑了,多累啊!多辛苦啊!有一条路能让你少奋斗十年,我们领你过去,你千万别抗拒。"

恋爱到结婚,情侣们会经历两次磨难,一是恋爱时的磨合,二是控制欲强的父母的安排。

在我看来,生活中的事情,父母安排就安排了,无伤大雅。唯独婚姻,我们要自己做主。如果因为父母的选择,导致婚姻生活变得糟糕,他们能让时光倒流,一切重来吗?

不能,父母在那个时候只会告诉你:"再忍忍,我们都是这样过来的。"

可怕的是,他们自愿过上这种生活,还不自知。因此,我衷心希望大家勇敢一些,理直气壮地将恋人带到父母面前,说:"我就是在跟这个人谈恋爱,将来我们准备结婚,这是我经过认真考虑后,选择的人生伴侣,我很爱他,我的幸福就是他也很爱我。也许以后我们的生活会遇到艰难险阻,但我们有信心一一克服。我要和他结婚,而不是和你们认为更合适的对象将就。因为他是我在遇到任何阻碍时,也不想放弃的人。"

请给你喜欢过的人一些尊重

在QQ上收到一个女生的匿名提问,问题跟感情有关,因为不知道她的名字,就叫她白云姑娘吧。她说自己和男朋友之间出现了感情危机,希望我能帮忙解决。

我好奇地问她:"是这个男生对你不好吗?"

白云姑娘回答:"不是。"

我又继续问她:"你们在生活上遇到了什么难题?"

白云姑娘说男朋友人很不错,对她掏心掏肺,她有什么需求,男朋友都会尽心尽力地去满足,还经常来她住的地方,帮她洗衣做饭。男朋友不管是内在品行还是外在条件都过得去,而且非常爱她,从骨子里对她好。

从白云姑娘的描述中我没有看出什么不对,她的男朋友非常合格,在感情里认真,绝对是和她奔着结婚去的。

我很纳闷儿地问白云姑娘:"听起来你男朋友很不错啊,你还有什么不满足的?"

她说理由前,先加了一句:"我其实也很爱我男朋友。"

说实话,这话反而让我觉得她有些心虚,可能是为了让她接下来的话没有那么尴尬吧。

白云姑娘说:"虽然我们感情不错,但他是个外地人,我父母都不同意我们交往,希望我找一个本地人结婚。"

这种"虽然……但是……"的句式是我最讨厌听到的。

我又问了她一次:"那你对男朋友还有喜欢的感觉吗?你们之间的地理距离是不是很遥远?"

白云姑娘说有感觉,也不是特别远,于是我做好了帮她分析如何让父母不排斥外地男朋友的准备。

古语有云,宁拆十座庙不拆一桩婚,这么有情有义的小伙子,不该落得劳燕分飞的下场。愿天下有情人终成眷属,也算是我心中的美好愿望之一,得好好想想怎么保住这段感情,从而让它顺利地生根发芽,开出美丽的小花。

正思考着解决办法,白云姑娘的话却让我大跌眼镜:"我该不该和男朋友继续交往下去?"潜台词就是:"我要不要和这个男生斩断关系?"

听到这儿,我了然了,白云姑娘其实早就想和男朋友分手,但因为对方对她太好,她不好意思先开口,怕先说出分手后,就落下个不好听的名声。

她想来问我的不是如何让感情天长地久,而是如何跟男朋友一拍两散,且嘴脸不会太难看。什么父母不同意,什么外地人的理由都是假的,真正的原因是她和男朋友在一起太久,觉得有些乏味,还想去尝试下其他的可能。

她已经不爱他了,所以曾经的誓言都不再作数。我预感到她的男朋友留不住她,就像你永远也无法叫醒一个装睡的人。

白云姑娘到最后也承认了这一点,她觉得跟男朋友的生活太平淡,没有什么激情,仿佛一眼就能看到头。她有些厌倦,又不知道怎么跟男朋友开口。

我不知道该为这段破损的感情说些什么,只好跟白云姑娘说:"你心里怎么想的就怎么做吧。"

刚刚说完这句话,一开始和我扭扭捏捏、犹犹豫豫的白云姑娘高兴地回答:"谢谢你,我知道怎么做了。"

隔着电脑屏幕我都感觉到她松了一口气。

我心里有些不舒服，她这么快就下定决心了？她这么快就把心头的内疚感放下了？既然她这么想结束这段感情，为什么还要跟男朋友在一起那么久？

我猜测，她不跟男朋友分手也不跟男朋友结婚，一直拖着，一边享受着对方的好，一边为要不要分手这个问题纠结，不就是因为身边暂时没有出现更好的对象吗？

我想起刚刚她对男朋友的描述，这样一个对女朋友好的男人，一个对感情认真的男人，即将被女朋友无情分手，我有些同情他，他也许不知道自己将要被最爱的人辜负吧。

我忍不住告诉白云姑娘："你不要谢我，我不想要这种谢谢，你应该清楚，你的问题在你问出来时，就有了答案。你觉得你和男朋友分手以后，会有更好的对象，会有更好的生活。这种充满想象的'更好'，你认为现在的男朋友无法给你。和他分手吧，对方却对你掏心掏肺，你不想做先说分手的恶人；不分手吧，你又觉得自己的前方有着更多可能。无论你怎么选择，以后，你别后悔就好。"

我不知道白云姑娘的男朋友如何挽留不爱他的人，我只知道和不爱自己的人谈恋爱是什么体验，那是一种很糟糕的感受，就像是被人泼了无数盆冷水。

因为对方已经不爱你,你会从很多小细节上感知到,却偏偏还要装作不知,一如既往地对对方好,在这一阶段,你会超级痛苦,也会对自己丧失信心;因为对方已经不爱你,你不管做什么都不对,你从一个被口口声声说喜欢的人,变成了时刻被嫌弃的拖累。

这种心理落差,会让你自我怀疑,是不是做错了什么,是不是什么地方做得还不够好。

你认为重要的事情,那个不爱你的人没有兴趣再听,那种敷衍的态度更会加剧你的痛苦。

有时候你兴冲冲拍下一张照片给对方看,对方只是淡淡地回复你一个"哦"。

有时候你看到一篇有意思的文章,赶紧分享给对方看,对方看都不看就回复你一个"嗯"。

以前你们能打一个小时以上的电话,现在通话时长顶多几分钟。你兴致勃勃地说起自己的近况,对方却说你没话找话的样子真令人讨厌。

每次你找对方说话,对方多数时候都说在忙。

你感受到对方在感情里的消极抵抗,还有对你的厌倦。你发现即使你们正在约会,对方宁愿对着手机屏幕,也不愿意看你那张带着微笑的脸。

于是你越来越累,对方越来越不耐烦,恋爱到最后,你发现只有自己还在死撑着这段感情。

直到有一天,对方再也受不了你,或者找到更合适的对象,就会跟你来句"对不起",说一句"大家不合适"类似的话,委婉地和你分手。

你很难过,明明那么认真地付出,最终什么也得不到,什么也挽留不了。你也很委屈,可是面对的就是一个不爱你的人,你能有什么办法?

被无情抛弃的人其实没有做错什么,只是对方不爱你了,不愿意和你在一起了。

想跟所有变心的人说一句话:如果真的不爱了,就请尽快和恋人分手,让对方长痛不如短痛。毕竟在一起那么久,给对方留些尊严,及早承认你已经不爱的事实,不要拖拖拉拉,以免对方一边认真投入畅想未来,一边接受爱人的伤害。

要去尝试更多的可能也好,要去遇见一个更优秀的人也罢,请麻利地从对方生活里走出去,不要将对方当作新感情、新生活的踏脚石。

想着遇到更好的人再和恋人分手,是非常无耻的行径,请不要这样欺骗爱你的人,也不要在给不了好结局的情况下享受他的好,少一些折磨,少一点伤害,不要耽误他的人生。

这是你们该给认真恋爱的人最后的尊重。

你是有多小气，只在嘴上说喜欢

喜欢一个人从来不是件容易的事，更何况这件事还要长达数年之久。

时间越久，产生的问题也就越多，可令人费解的是，在如何处理这份感情上，无论男人还是女人，选择的处理方式都不干脆，特别拧巴。

明明没有拥有过对方，却又害怕失去对方，甚至担心对方与自己接触后，事情发展不如自己的预期。因此心生胆怯，不敢在现实中跟心上人多做交流。

这些人与其说是追求者，不如说是更像一块不懂风情的石头，只会一动不动地潜伏在别人的生活圈里。

他们天真地幻想，等到天时地利人和，心上人就会自动打开心扉，被自己的所作所为所感动，然后感情就能水到渠成。

陷入感情旋涡的男女，一旦有了这种不切实际的幻想，就会不断说服自己等待下去，仿佛只要默默守候，就能获得心上人的情意。

然而那些被他们喜欢的人，不是田地里的庄稼，不是到时间成熟就可以被他们收割。

喜欢是一种满怀欢喜的期待，你可以幻想心上人投怀送抱，也可以幻想心上人不离不弃。

只是一年过去、两年过去、三年过去，这份抱有厚望的感情毫无起色，你就应该有自知之明。不然时光漫漫，你的所有憧憬只会由爱生恨，变成滔天怨气。

到那一步，你心里就会想："我喜欢了你这么久，大好青春都浪费在你身上，为什么你还是一副无动于衷的模样。即使是块冷冰冰的石头，我常年相伴，也应该焐热了吧？"

为什么会无动于衷呢？

答案无非就那么几个：对方不喜欢你，对方有心上人。

如果你觉得自身条件还算优秀，那不妨将这缘由再剖析得深入一点，是不是自己的付出还不够多？

的确不够，因为很多人口口声声的喜欢实在是过于小气。

你可能会愤怒地辩解:"我喜欢对方数年之久,如此深情专一,哪里小气了?"

别急着反驳,小气分为两种:一种是精神上的贫瘠,一种是物质上的吝啬。

精神贫瘠是什么样子?

想想两个人没有共同语言,没有相同的兴趣爱好,是何种情形?

谈话无趣是肯定的,因为不会好好说话,不能正经聊天,只会一脸幽怨地看着心上人。一旦开口说话,用词矫揉造作,令人头皮发麻,严重的还能让人厌烦。

物质吝啬是什么样子?

就是这个人说了无数句甜言蜜语,行动上却分毫不舍。这类人对对方使出的最大力气就是敲键盘说"我喜欢你"。

我以前认识一个"文艺范"女生,叫小布,她在成都工作时喜欢上了一个男生,每天都要给对方发信息,说"早安""晚安","记得好好休息"之类的话。

一开始男生很有礼貌,会耐心回应小布。

时间长了,小布只知道给男生重复"早安""晚安"。

男生好奇地问小布叫什么名字。

小布扭扭捏捏，左掩右藏才透露出来。

男生问小布是哪里人，有没有时间出来见个面。

小布精心打扮，自拍后到处问人这副打扮见面合不合适。当她问到我时，我说她打扮得非常可爱，现在缺的只是勇敢。但小布担心和男生见面后，对方讨厌自己，最终还是没敢赴约。

由于和小布的接触不太愉快，男生索性不再搭理她。

小布瞬间慌乱，手足无措，为了让男生重新回复自己，她每天晚上都要写一大段矫情话给男生。

男生只要回复小布，她就会瞎想；男生不回复小布，她更会瞎想。

小布开始变得失魂落魄，自认为情根深种。男生却怀疑人生，认为自己遇到了神经病。因为他和小布没见过几次面，更没有好好相处过，但小布却天天在社交软件上缠着他，这不是神经病是什么？

要说小布喜欢他吧，她就只是嘴上说喜欢而已。要说小布不喜欢他吧，她偏偏把这几句话翻来覆去地说了好几年。

问题来了，像这种满嘴是爱，满腹是怨，把力气全花在嘴上和独角戏上的人，你会喜欢吗？

像这种天天山盟海誓，说要给人一辈子幸福，连大大方方约你出来的勇气都没有的人，你会接受对方吗？

当我用这两个问题去问小布，她告诉我："我是真爱他啊，如果他发生了车祸半身不遂，或者家破人亡，我肯定会去照顾他，不离不弃。"

我顿时"三观"炸裂，什么仇什么怨，就为了证明你是真爱，你要这么诅咒人家？你真这么爱别人，就不要只是嘴上说喜欢啊！

既然要追求人家，为什么不赶紧行动起来？为什么不约对方出来，一起看个电影、逛逛街。

和对方找个有趣的话题聊天不难吧？和对方大大方方交个朋友不难吧？

你什么都不做，只是在QQ、微信里跟人家说："我喜欢你，跟我在一起吧。"人家拒绝了，你难受个三四天，然后又在短信里跟人家说："我会一直等你，一直等到你改变主意为止。"

这种追求让人厌烦，但更令人厌烦的是这种行为隔三岔五就会冒出来一次。你反反复复就是这几句话，对方看到只会嫌弃，不拒绝你拒绝谁？

假如被追求的对象换做是你，别人说特别喜欢你，如果不能拥有你，人生会饱受煎熬，痛苦万分。但人家说完喜欢就再也没别的动作,隔几天又跟你说一声"我好喜欢你,你要好好照顾身体,天冷多加衣"。你会怎么想呢?

这些虚头巴脑的话除了招致白眼,根本就不可能打动任何人的心。

也许你会说,"我没有追求异性的经验,不知道自己该怎么做,而且人家也从来没有说喜欢过我,我做那么多有什么用?"

如果觉得做那么多没用,那你还纠结对方不喜欢自己做什么?

这世间的缘分虽然是天注定,但倘若不能和对方一见钟情,难道你就不能想办法跟人家迂回渐进、日久生情?

每天只知道傻傻地乱想,盼着对方明白自己的心意;每天只知道傻傻地揣测,思考对方话里有没有深意;对方与你多说几句话,你就欣喜若狂,以为对方肯定也喜欢你;对方心烦或者没空回复,你就万念俱灰,以为是哪里出了差错,为此每天辗转反侧,疑惑自己如此深爱,为何还得不到对方的欢心。

其中的道理很简单,因为你喜欢的对象不是傻瓜。你口口声声很喜欢对方,却从未付诸行动。所以你自以为坚持好几年的感情不仅不伟大,还矫揉造作。

一天到晚说自己有多爱一个人,却从不行动,只有满腹的牢骚。说白了不过是还未得到，就不敢轻言付出，所以表达喜欢的方式才会如此小气。这样的爱情叫作"傻瓜式的爱情"，或者是"口号式的爱情"。

春天来了不知道有空约人家出来去踏个青，夏天来了不知道喊人家一起去吃个棒冰，只知道每天在嘴上肝肠寸断。哀怨这一切有什么用！你倒是用实际行动去证明啊！

喊人家一起去看个电影做不到吗？喊人家一起去散个步做不到吗？非要扭扭捏捏给自己找不痛快。等你下定决心那天，也许人家早就找着对象了，还要你何用？

痴男怨女们，都醒醒吧，如果你真的喜欢一个人，就坦诚地让对方了解自己。这样一来，你们合适不合适，时间会给出答案。否则，你这一辈子，遇到的任何人都只会是心头遗憾。

第四章

你的付出，请留给值得的人

FOUR

越通透，越体面

请你谈一场有回应的恋爱

真爱是心甘情愿地陪伴与不求回报地付出。

这句话在网络上流传甚广，并被众多男女奉为情感信条。

我对这句话的看法是，能一直陪伴爱人，这一点没什么问题，但陪伴与付出附加上不求回报的条件后，就产生了谬误，成了令人难以下咽的"毒鸡汤"，装在里头的不再是真正的爱，而是一种爱而不得的无奈。

为什么有些人总是怀疑爱情的真实性，就是因为他们花费了时间与精力，却没有得偿所愿。实际上，在感情里，没人愿意为终身大事白费力气。

打个比方，你在公司上班，辛苦工作大半年，公司却只按最低工资标准给你发放薪水，你心里会怎么想？你还能待得下去吗？

谁都知道答案是不能，但换成感情，有些人就开始不清醒了。在恋爱时，他们拼命地发光发热，恨不得将自己燃尽，一边索爱，一边又嘴硬不求回报。

我曾经在朋友圈提过一个情感问题："有没有人在爱上一个人时，豁达到不求任何回报？"

有个老同学评论："不存在的，爱一个人总会有所求，因为精神或物质总得抓住一个。即使抓不住这两者，心里也是希望得到回报的，只不过那些一味付出的人，他们爱的人不给而已，他们毫无所得并不代表自身不求回报。"

以前上大学时认识的学妹回答我："爱一个人必定希望对方也爱自己，需要对方同等的付出，因为没有任何回报，再无私的人也会疲惫，如果一个人不希望爱人对自己好，多半是脑子有问题。"

我很喜欢这两个人的回答，因为他们很清楚，感情得不到回应是特别痛苦的事。至于其他回复不求回报的答案，字里行间有着"我很深情""我很伟大"的神圣感。那么问题来了，既然不求回报，为何要宣扬自己在感情里的"牺牲"。还不是心底也渴望恋人回应，用来弥补损失，或者填补空虚的内心，这有什么不好意思承认的？

在感情里，唯有相互扶持，才是亘古不变的真理，千万不要让自己成为别人的退路。陪伴者远远不如参与者，后者同生共死，好歹还能一起轰轰烈烈；前者默默付出，大概率会被人当作候选。

有个女性朋友给我发消息："我那么爱他，他为什么要这样对我？"

她和男朋友异地恋爱了一年多，相识之初就不提了，毕竟情侣的甜蜜期都差不多，我就说说他们现在的状态吧。

每一天她都给男朋友发很多信息，然而男朋友却惜字如金，少有回复。无论她跟他分享多少有趣的事，男朋友都是简单地回复"嗯""哦""啊"。

男朋友说他要去吃饭了，然后一整天就不再有回复；男朋友说他要去上班了，然后一整天就不再有回复；男朋友说他要去洗澡了，然后一整天就不再有回复。

按捺不住失落，她给男朋友发视频、发语音，他没有一次接的，打电话上百次也无人接听。

她哭着跟我说："他怎么就不理我呢！他怎么就是不回复我

啊！我就那么令他讨厌吗？"

她没有得到男朋友的回应，却以为是自己的错。

如此卑微、不求回报的爱，到底要如何坚守下去呢？

明明你成了别人可有可无的存在，却偏偏生出了自责感，这难道不奇怪吗？

其实，只要是谈过恋爱的人都知道，最开始恋人满是温柔，对方事无巨细地回应让你安全感十足，但到了情感崩坏时，无论你说什么、做什么，对方都会无动于衷，仿佛看不到也听不见你的存在。

感情穷途末路时，心存爱意的一方最是难熬，因为你已经被对方的世界屏蔽，被对方的生活掩埋，叫天天不应，叫地地不灵。

以前我在报社工作，采编部有个女同事，结婚几年，她和老公风雨同舟。无论是生活上的窘迫，还是距离上的难堪，他们都一一解决，最终一起走进了婚姻殿堂。按照理想剧本，两人的感情应该是："从此王子与公主幸福快乐地生活在一起……"

然而，事实并非如此，有次因为录稿任务，女同事请大家吃饭，饭桌上她聊到老公，说："和他在一起越久，就越没有当初的感觉，平常我都懒得搭理他，甚至还练出了一项绝技，就是屏蔽掉他整个人，装作听不到他的声音，看不见这个人，仿佛他是空气一般。"

女同事说起自己的这个技能时很是得意，我却感到可怕，这会给人极大的心理阴影，不知道大家有没有过那种被世界遗弃的体验，那是举目四望无人过问的绝望感。

在某部科幻电影里，有一项"屏蔽"技术。如果你不喜欢一个人，就可以屏蔽掉他。这样，你们就看不见彼此，无法用打电话、发信息等一切方式联系。不管你是在电视还是照片上看到对方，他出现在你眼里就是一团马赛克。除非对方死亡，否则跟你相关的一切都会跟人家绝缘。

一个你很爱很爱的人，如果这样来对待你，你害怕不害怕？你绝望不绝望？这样在一起生活，会不会觉得窒息。

和一个人在一起很久后，如果你发现对方不愿意给你反馈，不想回应，那你跟对方在一起的每一天都会不舒心。

在这个过程中你会不断痛苦，不断被冷漠中伤，这段感情就会成为你的重担，到那时，只有分开才能助你解脱。

那些所谓不求回报的人，不过就是在对自己的心撒谎。以为自己图点什么以后，就会被人指责不真心，感情不纯粹，从而觉得羞耻愧疚。

这些人喜欢嘴硬:"我爱人家,我就是什么也不图。"

这让他们的感情看上去伟大,但最后他们能感动的只有自己。

不要再自我欺骗了,你真的不渴望爱人的回应吗?你不希望第二天清晨,爱人起床跟你说早安吗?你不希望孤独无助时,爱人给你一个温暖的拥抱吗?你不希望忙里偷闲时,爱人和你去散心吗?你不希望说"我爱你"时,爱人也同样告诉你"我爱你"吗?

没有人不渴望这些,这是每对情侣该为彼此提供的最基本回应,如果你没有在另一半身上拥有,那说明你们的感情已经出现了问题。届时,不满会在的你心中堆积,慢慢压出一道道裂痕。

无论你承不承认,爱一个人都需要回应。

一个和你相恋的人,如果在对你的感情上吝啬回应,那就是自私。因为所有的"我爱你",就是希望"你也能爱我"。

而那些不求回报的人,一边痛苦,一边自我安慰,期盼伴侣以后良心发现,施舍自己。

这是多么愚蠢的想法,谈恋爱就是为了美好,和喜欢的人生活是为了一直美好。一个单方面的牺牲者，拿什么美好？

唯有两个人都念及彼此的好，都回报对方，才能获得幸福美满，不会沦为牺牲者。

可能有人疑惑，爱一个人怎么能索要回报？那不就成了夹杂了利益纠葛的交易？

回报不全跟物质有关，那样理解太狭隘，它不单是指物品价值，也不是指钱财的多少，而是精神层面温暖的交互。

不是非要买很贵的礼物，而是不开心的时候，恋人会安慰你，会牵手拥抱，甚至让你撒撒娇。

懂了吗？一厢情愿的牺牲，即使再伟大也是可悲，在这样的感情里你得不到愉悦。

你就像是在跟"石头人"谈恋爱，你用心触摸另一颗心，人家给你的却只有硬邦邦的冰冷。

掺了沙子的食物会咯牙，没有回应的对象却会咯心。血肉之躯应该与同样鲜活的身体相聚，远离"石头人"，谈一场有回应的恋爱。这样，我们温暖爱人的同时，也能被爱人温暖。

亲爱的，请远离病态型恋人

如果你没有一颗顽强的心脏，又不想被人拖入负能量深渊；如果你没有永远燃烧的温暖火焰，又不想成为别人发泄负面情绪的垃圾桶……那就远离病态型恋人吧，这种人只会让你的人生昏暗，只会让你的生活一团糟。

病态型恋人在感情生活当中，会化身为可怕的黑洞，不断吞噬你的情感热量，直到对你失去新鲜感，而你也会因为无力改变现状，最终对对方失望透顶。

精神恍惚间，眼前人不再是你的心上人，而是上天派来专门折磨你的恶魔。

有天看微信，有个男读者给我发消息："我觉得自己和你某篇文章里的主人公差不多，现在也在为一段纠缠不清的感情迷茫，我该怎么办？"

男读者的故事从遇到一位病态型恋人开始。

在男读者的描述里，他的女朋友喜欢过度无理取闹，哪怕是一点小事都要闹得鸡犬不宁。她一来到男读者家就丢掉了他很多东西，理由是别人用过的她不用。每次她只要不高兴就会对他进行人身攻击，这让男读者难以忍受，因为他在本该是爱人的嘴里，听到了这辈子能听到的所有恶毒话。虽然男读者已经带她见过了父母，也到了谈婚论嫁的地步，但是他找不到任何再和对方继续下去的理由。

她对男读者有很多要求，手机不能设密码，她看不顺眼的好友全部要删除。然而讽刺的是，她却为自己的手机设置了密码，而且坚决不把密码告诉男读者。

她的聊天记录也会全部删除，而且从来不在男读者的面前接电话，只要男读者在身边，她要么跟别人说等下回电话，要么去男读者不在的地方接电话，如果发觉男读者靠近，她就会立马挂断。

一边要男读者将一切撇开，一边自己防贼一样裹得严严实实，密不透风。

为什么她会如此双标？因为病态型恋人喜欢过度保护自己，

哪怕对方是自己的爱人，也不愿意向对方敞开心扉。与此同时，病态型恋人又特别害怕暴露自身的弱点，以防被别人利用。

我有些好奇地问男读者："你就没有跟她好好聊聊，一起解决这个问题吗？"

男读者无奈地回答："难道我不想跟她冷静地谈谈吗？我想，实在是太想了，可是她什么都听不进去。最多好两天，第三天必定跟我吵架，她说自己就是这样的人，'你爱接受不接受'。每次她吵架很凶时，我气得想离开家，她就锁上门不让我走，之后又撒娇说自己以后会改，然后过一两天又继续跟我吵架，又说会改，就这样无限循环。"

看得出来，男读者的女朋友不仅控制欲强，还是一个情绪狂躁型的人，她想要在方方面面都掌控男读者，只要男读者有一点不听话，就会跟男读者吵架、摔东西、生气甩门。

男读者曾经做过一段时间货车司机，工作很累，平常需要足够睡眠来补充精力。但男读者的女朋友不管这些，她故意用最大音量听歌、看电视，就是要整夜整夜地跟男读者闹腾，让男读者没法睡觉。男读者在卧室睡，她就在卧室吵，男读者去客厅睡，她就到客厅吵。就这样闹了一个月时间，男读者因为睡眠不足，好几次差点儿发生意外。

他感觉自己不是在谈恋爱，而是在伺候一位祖宗。

病态型恋人喜欢控制别人，稍微觉得不踏实就会情绪激动，伤害别人，哪怕事后会后悔，并意识到是自己不对，但因为心里不高兴，所以就一定要发泄出来。那一刻病态型恋人的脑海里只有一个想法："我一定要伤害到你。"

可怕的是，由于病态型恋人掌控欲极强，所以他们会去了解你的一切，每次攻击都只找你的软肋下手。

也由于缺乏安全感，病态型恋人对感情充满不信任。你对病态型恋人越好，病态型恋人就越变本加厉地折磨你，因为在他们心目中，自己作得越厉害，伤害爱人就越彻底，爱人还能全盘接受，才是真爱。

懂了吧，病态型恋人确定安全感的方式不是"看见你为我开心，我就很幸福"而是"你为我生气才是在乎我"。

病态型恋人为什么会让人觉得痛苦，答案显而易见。

男读者的女朋友还特别喜欢跟人比较。

一是跟男读者的前女友比较，总想着要贬低男读者的前女友。这让男读者有点迷惑，那些都是过去式，现在他在全心全意地爱她，为什么还要老拿前女友说事，两个人好好过好现在不好吗？

二是喜欢拿她的追求者跟男读者比较,说别人追她时如何如何好,而男读者表现是如何如何差,更是说出应该趁年轻多谈男朋友的话。

病态型恋人都有这种莫名其妙的优越感,认为自己可以吃得更好、穿得更好、住得更好,甚至是爱人也应该比现在这个更好;还认为自己的生活应该跟电影里一样优渥豪华,都怪世界不公,让自己只能迁就现实。

因为总是心怀不满,病态型恋人在跟爱人在一起时,喜欢露出嫌弃的表情。当然,病态型恋人不会承认这是对你的嫌弃,他们会解释说是想帮助你上进,激励你早点发家致富,走上人生巅峰。

男读者的女朋友就曾经为前男友发过一条动态:虽然新娘不是我,但是新郎爱过我。

而讽刺的是,男读者从来没有在她的微信朋友圈出现过,也没有被她公开过一张与他的合影,更没有任何关于他的只言片语。男读者问她为什么,她给出的解释是想等以后结婚时再秀恩爱。

男读者很气愤,明明她和自己朝夕相处,却对前任念念不忘,他提过很多次不喜欢她这样的做法,但她就是我行我素。

这是因为病态型恋人很在乎存在感，对于过去了的感情，只要能刺激现任以及自显深情，他们就一定会晒出来，哪怕前任已经和他们再没有关系，他们也要摆出一副曾经被人万般宠爱，霸占过别人生活的样子。至于病态型恋人的现任，哪怕对他们再好，他们也会毫不留情。

　　病态型恋人只希望享受恋人的好，但不希望口头上承认这份好，如此一来，他们就不用在感情里担起太多责任，也不用付出太多。

　　如果哪一天你因为这些事不开心，说希望病态型恋人能给你感情上的回应，病态型恋人甚至会振振有词："这不是你一厢情愿的吗？怎么现在不乐意了？说明你对我的感情是假的，因为你对我好有目的，是图回报的。"

　　这些病态型恋人自我感觉良好，不会顾及别人感受，善于推卸责任，他们给出的每一个理由都能让人哑口无言。所以我很同情男读者，竟然遇到如此可怕的人。

　　我问男读者："那你还喜欢她吗？"

　　男读者回答我，他也不知道上辈子造了什么孽遇见她。我觉得男读者可能是她宣泄负能量的垃圾桶，男读者却觉得自己连垃圾桶都不如。

他不是不爱她了，是他真的承受不起这份感情，容忍度已经超出他的极限。

男读者心灰意冷地说："每次她撒娇认错，我心软，相信她会改，可我经历了一次次的失望，一次次的心碎。我给她做饭，她会说'你以为会煮菜给我吃就是对我好啊'？我给她买礼物，她会说'你以为买金项链、金戒指、金耳环给我就是对我好啊'？我给她买一堆衣服，她会说'我才不穿这些地摊货，赶紧扔掉'。

和这种病态型恋人生活在一起，不管你浑身上下有多少正能量，时日久了都会被负能量消耗殆尽。

为什么世上会有这些病态型恋人呢？他们的心理问题是因为什么产生的？我相信每个被病态型恋人折磨过的人，都深感困惑。

病态型恋人的产生大多跟心理问题有关，可能是因为原生家庭关系不和睦，他们目睹过父母糟糕的婚姻；也可能是因为病态型恋人在最初的感情中受过伤害，导致他们对爱情极其不信任。

病态型恋人表现出来的症状通常有：

害怕付出后没有回报，就干脆不付出；

喜欢幻想糟糕的未来，用臆想出来的事来折磨自己、折磨另一半；

时刻质疑伴侣的感情，当发现伴侣不能再填补自己的"黑洞"，就会以"你不适合我"为由选择分手；

无论多小的事，只要心里不开心，一点风吹草动就会对伴侣的感情产生动摇，严重时会以"我发现自己没那么喜欢你"为由分手。

这些用消耗别人来填补自己的病态型恋人，遇见了就是一场人生灾难。

如果你的另一半是这副模样，因为爱，你选择迎难而上，想尽办法要治愈对方，那么我佩服你是个勇者。

但等你做了一切之后，病态型恋人不仅无动于衷，反而变本加厉地折磨你，请听我一句劝：珍爱生命，远离病态型恋人！

"三观"不合的恋人可以在一起吗

自从我从事情感咨询工作以来,便经常听到一些奇怪的分手理由:

"我是一个绝对理性的人,而对方很感性,我们容易性格不合,生活在一起肯定不浪漫、不开心,还是不要浪费彼此的时间与精力了。"

"我很看好他,他也是很好的人,值得让人托付终身,但是我们不能在一起,因为我的父母不喜欢他的父母,他们'三观'不合,肯定相处不来。"

"我的微信朋友圈里都是高学历的人,每天发的内容都很有深度,而他的朋友圈都是普通人,转发的文章都是搞笑图片、段子,一点内涵也没有,我们差距太大。"

"我喜欢看惊悚恐怖类的电影,他喜欢看治愈温情类的动漫,我们在个人喜好上有这么大区别,指不定在其他事情上的问题会多严重。我一想到这些心里就不舒服,他肯定不是我生命里对的人。"

"虽然我妈只是超市员工,但是我们家在城里,他们家在乡下,我们不是同一个世界的人,长痛不如短痛,还不如就此别过,再也不见吧。"

"他是个脾气好、能力强的人,但家里条件不是特别好。虽然我娇生惯养、脾气差,但我是家里宠的小公主,我觉得自己还能找到比他更好的人。"

……

最后,这些人将分手理由通通归咎于"三观"不合,朝对方喊话必须一拍两散。本来分手是令人难过的事,但他们的分手理由让我深夜笑出了声。

有一说一,将生活喜好、消费习惯的不同上升到"三观"来对待,未免有些愚昧。当然,这些人如果能够意识到这点,也不至于让感情以如此啼笑皆非的方式结束。

真正的"三观"不合是源自眼界、行为准则以及人生态度的不同,而不是什么性格不合、家庭条件不合、朋友圈不合、兴趣爱好不合、挣钱能力和花钱欲望不合。

举两个例子，看看真正的"三观"不合是什么样子，以及生活习惯、生活方式不同又是哪种情形。

第一个例子，一对异地恋情侣，女生在餐饮行业工作，下班时间特别晚；男生每天都要等她到凌晨，只有听到她一句"亲爱的，我到家了"，他才能安心地去休息。有天，女生做梦梦到男生提分手，她哭着打电话给男生来确定真假。

按理说喜欢到这种程度的两人在一起只会幸福，生活里也不会有太多吵闹。但事实并非如此，他们也会吵架，最生气的时候连手机都能摔碎。

有次吵架的起因是两人争论一个问题："社会上那么多坏人，该拿他们怎么办？"

女生认为世上没有天生的坏人，他们做错事很多时候是因为生活所迫，情有可原，所以要宽容他们。

男生却认为不管这些人做错事背后有什么苦衷，犯错就是犯错，必须要付出代价，不然那些因为坏人而受伤的人怎么办？难道他们不委屈？

针对这个问题，男生和女生争执不休，都坚持自己的想法。讨论到最后，以两人的冷战告终。这对情侣不管多相爱，以后遇到类似的问题，还是会争论不休。

这个例子里的不合属于"三观"之一的价值观，是人们用来认定事物、辩定是非的一种思维或取向。平日里因为价值判断迥异而大吵大闹的事不在少数，另外"两观"分别是与人生目的和意义有关的人生观，以及与眼界和阅历有关的世界观。

第二个例子，男生很爱女生，把她宠成小公主，即使穷到只剩下一百块钱，也要花九十九块到女生身上。男生天天想着该怎么照顾女生，怎么让她开心。因为心思全都花在了她身上，男生就没什么钱和精力打扮自己，所以给人的印象就是有些邋遢。

女生因此嫌弃男生，觉得自己每天都光鲜亮丽，而男朋友却灰头土脸，两个人站在一起就让她觉得丢脸，于是心里就有了想法：他和我不是同一世界的人。

男生性子温和，女生也觉得有问题，她认为男生太善良，以后遇事不能保护自己，她更想要个比较勇猛的男人。

在生活习惯上，男生一天只刷一次牙，而她刷两次。她有些受不了，经常讽刺他又脏又懒。

在个人喜好上，女生喜欢打游戏，而且特别在乎输赢，有次两人一起玩游戏，因为输了，女生气到浑身发抖，气到砸电脑键盘。她认为这一切都是男生的错,是他没有和自己配合好,还由此联想连一个游戏都配合不来,以后搭伙过日子估计也好不到哪儿去。

男生喜欢阅读、看电影,他对游戏不在行。但女生固执地认为,男生游戏技术这么差,说明他这个人也很弱,不是理想对象。

最后,女生觉得两人"三观"完全不同,一定要分手。女生找了个时间跟男生说:"我想了很久,我们有太多的不同,在一起只会痛苦,早点分手对谁都好。"

这个例子里的不合就跟"三观"没有关系,只是两个人的生活方式和生活习惯不同。这些差异根本就达不到"三观"不合的程度。

真正"三观"不合的人,在相处中会产生无数摩擦,最后不得不相忘于江湖。而仅仅是生活方式和习惯不同的人,只要彼此尊重、善解人意,就能生活在一起。因为双方都有着正常"三观"。

譬如你喜欢吃梨子,我喜欢吃苹果。那么每次回家,我除了买自己喜欢的苹果,也会买你喜欢的梨子,这两者并不冲突。因为除了相互喜欢,我们并不需要干涉对方的喜好和习惯。

那么，那些人嘴里的"三观"不合究竟指的是什么呢？

一是因为他们不够爱，认为对方不是最好的选择，日常生活中自然要找理由嫌弃对方。

如果你的另一半总是高高在上，对你表现出优越感，那你很不走运，一旦他们身边出现更好的人，或者厌烦了你的毕恭毕敬，就会利用"三观"不合这些理由来跟你分手。在他们眼里，是你拖了他们优质生活的后腿。他们觉得只要摆脱你，就能过上更好的生活。

在交往过程中，这类人最擅长的就是用"三观"不合来对恋人挑三拣四，以此激发恋人的愧疚感，让恋人误以为自己不够好，然后最大程度地付出，透支自己的情感。

二是因为他们的"三观"和大众不太一样，自恋地认为自己完美独特。

他们的想法有个共同点：我喜欢吃苹果，那你也只能喜欢吃苹果，不然就是不爱我；我喜欢吃梨子，那你也只能喜欢吃梨子，不然就是不爱我。

大到人生规划方向，小到看影视剧。你只要不是无条件地顺从，他们就会心生不满，甚至因愤怒而攻击你。

他们要的是伴侣绝对服从，要的是伴侣将他们当成世界中心，而他们将伴侣视为生活用品、工具人，却没有将伴侣当作一个平等的、同级别的互相温暖的对象。

如果你的伴侣与你的生活方式和生活习惯有所不同，而你的伴侣将之称为"三观"不合，那么你的伴侣不是嫌弃你，就是不满意你没有为之付出更多。

因为对方不够爱，所以你的一切都是问题；因为对方不够爱，所以你浑身上下都是毛病；因为对方不够爱，甚至你吃饭拿筷子的姿势都让他心里不舒服。

这荒谬的一切跟厌倦有关，跟贪婪有关，就是与"三观"不合无关。

警惕那个没想跟你过一生的人

在感情的世界里,女生总是遇到猴儿急的追求者,看到对方来献殷勤,觉得对方百般好,却又觉得对方有什么地方不对劲,也说不上是哪里不对劲。

对方开始时很热情,一副一辈子的事都要一天完成的架势。然而,这样的感情不会持久,当他一门心思只想把女生快速追到手时,便忽略了爱情的初衷是什么。这种急于得到的人,往往没有耐心陪女生到老。

读书时代相识的朋友盈盈曾与我讨论感情,我说现在的人谈恋爱没有耐心,她深有感触,和我说起了她的感情经历。

盈盈早先谈过一次恋爱,是通过相亲认识的男朋友,但他们并未修成正果。盈盈说,下一次相亲如果还没遇到合适的对象，就随便嫁出去算了。

听到这样自暴自弃的回答，我问盈盈："你毕业两三年了，难道就没有碰到过喜欢的人吗？"

盈盈说，她在刚毕业时遇到过一个男人，当时她刚从学校出来，在一家手机店做销售工作。工作了几个月后，一家公司的男高管开始和她频繁联系，每天对她嘘寒问暖。男高管帅气、多金，符合盈盈对另一半的所有想象，她忍不住春心荡漾。

那个男高管很会说话，每当盈盈不开心时，总是给她恰到好处的安慰。男高管还对她许下了很多承诺，说有时间要带她去旅行，说有空要和她去看电影，还说再过不久就要来她所在的城市探望她。

盈盈相信了他的诺言，并满心期待。然而，时间一天天过去，男高管竟然日渐疏远她。出于不甘心，盈盈主动找对方聊天。可是，亲密联系的日子并没有持续多久，这份来也匆匆的感情，去也匆匆。

原来，男高管在和盈盈聊天的过程中，又物色到了新的对象，自然就放弃了盈盈。盈盈本来想再处一段时间就答应男高管的追求，却没想到关系还没更近一步，两人就变成了路人。

盈盈不解地问我："为什么他连几个星期都等不了？"

据我了解，那类恨不得立马把女生追到手的男生，他们三句话都离不了"我爱你"。然而，如果女生明确表示，感情要慢慢培养，不想发展得太迅速，这类男生就会立即放弃追求。他们的心理活动大致如此：这么久还没把对方追到手，简直是在浪费时间，算了，换下一个人。

这些信誓旦旦的追求者，在对女生做出承诺时越轻松，在放弃时也就越轻易，反正只是嘴上说说，又不用负责，自然就不会当真。

这就是女生感觉追求者不对劲的原因。对方跟你说喜欢时，你感受不到一丝一毫爱意。你不知道他对你说过的情话，背地里是不是跟其他人说过；你也不知道他的一切举动，是不是只为了得到你而使用的程式化手段。

还有一种情况是，对方很会说话，句句都能说到你的心坎里，你为此心神荡漾。可你没有想到，他并不在乎你的喜怒哀乐，也不担心你的生活，甚至并没有对你动情。他只是按照网络上那些追求女生的攻略，在恰当的时机说出你愿意听的话，那些恰到好处的嘘寒问暖让你充满好感，如果你涉世未深，对爱情充满幻想，就很容易被这种手段给俘获。

相对来说，那些表白青涩、没有太多套路的男生反而显得真诚，虽然他们在心上人面前紧张害羞，语无伦次，但所有关心都出于爱，不含一点虚伪。他们小心翼翼地表达喜欢，也勇敢地保护心上人不受伤害。

有个学妹前段时间告诉我，她遇到了对的人，感觉每天都很幸福，可她脸上的笑容还没有持续多久，那个男生就提出了分手。理由是他遇到了更好的爱情，另一个女生对他特别好，他不想辜负人家。

学妹为此哭了几天，没想到男生又回来了，请求与她复合，原因是他跟另一个女生的暧昧关系结束，想回来吃几口"回头草"。学妹还在难过，不想搭理他，但他不停地给学妹发送请求复合的消息。

再后来，男生每天都给学妹打很多个电话，在电话里无比诚恳地认错，说自己没有考虑到学妹的感受，希望能得到她的原谅。

学妹在男生的认错攻势下心软了，就在她准备答应和男生和好时，男生等不急而变脸了，还对学妹说了很多难听的话。

学妹气得直哆嗦，还好她那句"我答应复合"晚了几个钟头，否则她也看不到该男生的真面目，学妹也是从那时候才明白，男生对自己的一切都是伪装。

所以，当你以为对方特别好，是你的梦中情人时，也要有对方可能是在伪装的心理准备，当你的另一半变得冷淡，失去了对你的热情和关怀，很有可能是他玩腻了和你的感情游戏，准备去寻找下一个猎物。

那个时候你会悲痛欲绝：为什么人可以变得那么快？说不喜欢就不喜欢了。你还有可能说一句全天下女人都可能说的话："太快让男人追到，男人就不会珍惜。"

一个人真的爱一个人，会渴望跟恋人一起吃早餐和晚餐，一起互道早安和晚安；会感觉恋人就像是雨天的伞，和他在一起的愿望特别强烈。

而那些毫无诚意的感情骗子，不会拥有迫切与恋人白头偕老的心情。

如果你的生活里突然冒出一个说爱你的人，各种情话不打草稿张口就来，你一定要万分警惕，因为对方很可能只是想快速追到你，而没想陪你走一生。

现在想来，感谢你的不爱之恩

女读者珊珊跟我倾诉感情经历，她曾在学校里和一个叫沈植的男生交往，为他奋不顾身，爱他爱得死去活来。然而，掏心掏肺的珊珊，却渐渐察觉自己在沈植的心里没有地位。

与沈植相处的过程中，珊珊发现了一件可怕的事，原来沈植并没有她想象中那样迷恋自己，反而在各方面都看轻她、鄙夷她，总是嫌弃她这也不是，那也不是。

悲剧发生在珊珊即将大学毕业时，沈植突然提出分手，他对珊珊说："你到现在还没有一份正式工作，我觉得我以后没办法跟你一起生活。"

我想这个男生心里的潜台词其实是："我根本没有想过我们有以后，我这辈子不会浪费在你身上，所以我不想为你努力。

说实话，我真的没有那么喜欢你，你不过是我的生活负担，是我现在急需摆脱的对象。"

真相总是叫人难以接受，我告诉珊珊："对你的前任而言，你不是他的最佳伴侣，他的心里从未有过你。对你而言，心中有这种计较的他也不是你的姻缘良配，还是放弃吧。"

如果珊珊能够坦然接受这种残酷，就此释怀，抛开这段糟糕恋情，生活必然能重获新生。

因此，当一份感情走向穷途末路，即使我们觉得再难过，也要想清楚一件事，任何放弃你的人，都不过是一个不够爱你的人，不用因为他们的放弃而觉得遗憾。

女网友小芸心中有一个疑惑：为什么情侣们在分手以后，会觉得这段感情是负担？

个中缘由再简单不过。在一场失衡的恋爱当中，一个人在另一个人面前放低自己，最大功率地输出时间与精力，希望从对方身上得到相同的回报。可另一个人给出的回应往往特别少，给的拥抱也不够温暖。

本来只是想谈一场刚刚好的恋爱，两个人一起为未来的美好生活而奋斗，可结果却是那个以最大功率输出的人筋疲力尽，而另一个人就以对方不能满足期待为由，飞速远离对方。那副唯恐避之不及的样子，实在是令人心寒。

如果你是这段感情里的付出方，自然会因此受到伤害，甚至对感情产生怀疑，认为这辈子不会再遇到对的人。

不少人谈完恋爱后心灰意冷，选择自甘堕落，成为一个糟糕的人，皆源于此。

但怨天尤人不能解决问题，别人犯下的错，凭什么要付出方去承担呢？

所以，我们一定要宽慰自己。当我们从那场筋疲力尽的感情旋涡里挣扎出来，不会再感到辛苦和疲惫，也不会再感到痛苦和不堪，就像是长舒了一口气，从此一身轻松。

想明白了这些，我们就不会再执着旧日恋人带来的遗憾，也不会再对那段过往念念不忘。

如果把这段失败的感情形容为溺水，那么在旧日恋人同我们结束关系的那刻，我们就爬上了岸。

也许一开始还会为之痛苦，会急促呼吸，但这些都是自然反应。等我们最终平静下来，从不甘心的执念里走出来，随之而来的就是轻松感。我们要做的就是摆正对待失败感情的态度，唯有如此才能减少心理阴影。

朋友桃子姑娘曾经谈过一场刻骨铭心的恋爱，八年感情长跑。那个男人知道桃子姑娘的一切生活习惯，知道桃子姑娘所有的小动作是什么含义。他们在一起做过很多浪漫的事，也许将来还会制造更多浪漫回忆，在柴米油盐酱醋茶中过着平淡的小日子，一起慢慢变老。

桃子姑娘以为这辈子都会跟着这个男人，结婚也只是早晚的事情。可这个对她来说憧憬了八年的美好愿望，在那个男人提出分手的那一刻破碎了。

他走的时候，只给桃子姑娘留下了五个字："我们不合适。"

这是一个被用烂了的分手借口，其实桃子姑娘知道真正的理由是他不再爱她，但直到如今，当她想起这段感情时依然觉得痛苦，因为她还没走出这段失败的恋情。

可不管在一段感情中受到多大伤害，我们都不能沉浸其中，必须走出来。如果你是那个被放弃的人，就更要学着跟旧日恋人挥手告别。

想想别人是如何放弃你的，你就应该如何去忘记对方。

我也被分手过，前女友给我的分手理由是，她发现自己没那么喜欢我，说我们在一起不合适。当我听到这句话的时候，我感到难过，因为在那一刻我确信她不再爱我。

分手后的两个月里，我总是忍不住给她发消息，倒不是为了纠缠，只是一直以来的习惯，让自己克制不住。

毕竟和她在一起三年时光，不是嘴上说放下就能放下的，这种习惯上的改变需要我花一些时间才能做到。

我给她发了一段话，说彼此没有深仇大恨，大家好聚好散。没想到前女友收到我的信息后，立即打电话给我，警告我滚出她的生活，滚出她的交际圈，永远不要再联系她，否则就视为骚扰，会去报警。

那一刻，我对自己说了声"节哀顺变"，在心里建了一座墓碑，从今往后就当这个女人没在我的生命中出现过。

你看，生活就是这般充满戏剧性，无论你深爱过的人和你在一起多久，说过多少爱你的话，她此时此刻就是不爱你了，对你一丁点的眷恋都没有了，以往的诺言都不再作数。人家当初有多喜欢你，现在就会有多厌恶你。

你的一往深情，所有的关心和想念，没准儿对方只会觉得厌烦。

既然如此，何必再去作贱自己的尊严呢？让自己早些从失败的感情中抽身吧。

不要总是为他们难过，不要总是为他们煎熬，牢牢记住这句话："你只是放下了一个不再爱你的人。"

在我回归单身后的几个月里,有很多读者跟我诉说自己也遭遇了失恋。看到人们在扎堆分手,我不禁感叹,也许是这个炎热的夏天让大家对感情没有了耐心吧。

我记得当时有个男读者痛苦地跟我说被女朋友抛弃,问我能不能说一些话来安慰他、鼓励他。

闻言,我给他打了很多字,但最后都一一删除,因为我忽然想起那个离我而去的前任,当初我也以为我们未来可期,可以商量着三年后一起做什么,商量着十年后一起做什么,商量着鬓角发白时还能一起相依为伴。没想到我们转眼就各奔东西,一拍两散,那些一辈子的承诺就那样丢失在时间里,她最终选择了抽身而退,不愿意在人生路上和我走下去。

于是我像安慰自己一样安慰这个男读者:"不要难过了,这一切都会过去。"

是的,这一切都会过去,虽然旧日恋人让我们的美好期盼落空,成为心中无法磨灭的遗憾,但我们还是要感谢对方的不爱之恩,因为无论是放弃还是被放弃,都说明这是一段不合适的感情。对于我们来而言,也算是一种解脱。

那些因对方而起的不安和压力都会烟消云散,那些为对方而有的烦恼和难过也都能坦然放下。

因为不爱,感谢对方没有再继续浪费我们的时间;因为不爱,感谢对方没有再继续消耗我们的感情。

要记住对方决然放弃我们的样子,要记住对方信誓旦旦不会后悔的样子,我们也不能太软弱,一定要做到对往事莫回头。

迟早有一天我们会身心舒展,用更好的自己,去重新遇见对的人,并与之共度一生。

那时,我们会想起曾经离自己而去的背影,在心里说:"感谢你当年的不爱之恩,让我有机会去遇见一个更好的人。"

找对象，人品到底有多重要

豆蔻年华的堂妹到了春心萌动的年纪。她的爸妈经常担心她会被男生欺骗，就嘱托我："有时间就跟她说一说这方面的事，给她打个预防针，让她不要在感情上犯傻。"

可是我连自己的作息时间都管不好，怎么可能阻挡人家随时泛滥的爱情多巴胺呢？

感情上的事，就跟万有引力下的苹果似的，说要砸到你脑袋上来就会砸到脑袋上来，躲是没法躲的。我们只能往如何面对这份感情上去引导，去让她想自己是不是真的碰到了一个对的人，而不是遇到一个用花言巧语来欺骗自己的无赖。所以，为了防止被人伤害，有一双慧眼是很有必要的。

身体上的伤迟早都会愈合，但内心遭受过的打击却总是难以释怀。

毕竟现在不是父母那个年代了，他们那一辈人可能只是走了点生活的弯路，但我们如今要面对的是层出不穷的套路。

只要稍有不慎，就有可能陷入别人精心布置的陷阱里。

我们的心是一个易碎品，很容易被人伤到，所以才更要保护好它，让它只与值得的人产生温暖的交互、共鸣。

你也不想年纪轻轻，就拥有糟糕的情感体验吧，就像你本来期待吃到一颗糖，结果现实却狠狠给了你一套降龙十八掌。相信我，那种失望感绝对会让你伤心欲绝。

我是一个追求美好的人，喜欢在微信公众号上担当树洞的角色，希望别人能将自己的美好生活分享给我，那样我会觉得快乐。但听了那么多人的感情经历，我仿佛看到了一颗颗被糟践得不成样子的心。

这些心上面全是伤口，留着一道道疤痕。

我记得自己对这些人说的最多的三句话：

"不要为不值得的人难过。"

"一切都会好起来！"

"祝你好运！"

其实我希望他们都跟我提起生活里的"小确幸",说自己过得快乐、开心;希望他们与恋人彼此相爱,珍惜感情。

但我们对于生活的憧憬总是事与愿违,难免会碰见那种让怀疑人生的人。

花卷告诉我,她失恋了。那个男人条件不错,是不少女生理想的结婚对象。

那个男人比花卷大几岁,和花卷认识以后,各种献殷勤,对她嘘寒问暖,而且每天给花卷送早餐,接送花卷上班和下班。那种无微不至的照顾让花卷很着迷。

花卷以为自己遇到了真爱,很快就沦陷,和那个男人确立了恋人关系。

可是,没过多久,那个男人就玩起了消失。任凭花卷用什么方式联系他,他都置之不理。

花卷不服气,到那个男人工作的地方去等,看见他下班出来,就赶紧上前拦住他问:"你到底怎么回事,为什么一声不吭就走了?"

那个男人淡淡地说:"也没什么事,只是不想跟你在一起了。"

花卷当时这么跟我形容那个男人:"他完全把我当作一个路

人,一个不相干的人,我突然发觉他一直戴着假面,等我揭开他的假面后,才发现他是那么冷酷无情。"

花卷哭着问我:"为什么他要欺骗我的感情,为什么他能把爱我的模样装得那么像,为什么?"

面对花卷的疑问,我反问:"当初他追你的时候,你考虑了他的家境条件,沉迷在他对你献的殷勤之中,那你有没有多花一些时间,去考察他的人品,去了解他是什么样的人?"

花卷愣住了,她从来没有想过这个问题。

这种负心男人的套路,其实不难解析,他们喜欢选涉世未深或者刚刚参加工作的女生下手。一是因为这种女生刚出象牙塔受到不少挫折,心理上渴求别人安慰。二是因为她们幻想有个人能帮自己改变不满意的生活。

这些套路男,先是在她们面前摆出自己有房、有车、工资高的实力,然后以各种方式献殷勤。如果女生没擦亮眼睛,就容易陷进套路里。

花卷在感情上遭遇悲剧的原因,就在于挑选另一半的标准上。她通过对方的相貌、家境、收入来挑选人生伴侣,却忘记把最重要的一点添加进去,那就是考察人品。

没有人品的人在感情里不会真正对你好,假装一段时间后就暴露出本性。他们好似在准备给你一切,但那是他们故意叫你看到的错觉,除了痛苦,他们什么都不会给你。

　　找对象,一定要看对方的人品。希望大家都能记住这句话。

有些事情,一辈子难以遇见一次

有些事情,一辈子难以遇见一次,例如爱情,随着交往次数的增多,相恋会变得复杂,过程会充满艰辛。

人对伴侣的用心程度由情感上的敏感度来调节,那些恋爱次数越多的人,敏感度也就越低。他们会渐渐失去内心的柔软,难以接收别人反馈的温暖,也很少再主动温暖别人。

所以,我们在生活中总会见到一些匪夷所思的人。这些人频繁更换身边的对象,并将这种更换当成生活习惯。对于他们来说,无须"愿得一心人,白头不相离",跟谁在一起都没区别。

他们交给上一任恋人的感情,回收后擦干表面的污垢,稍微进行一下装饰,又送给新恋人,将与上一任恋人做过的事,假装欢喜雀跃地跟新恋人再重复一遍。

比如，有个女生给男生写了一封情书，收到情书的男孩觉得心中温暖。但是他没有想到的是，在他之前，女生还送过五篇同样的情书给其他男生，一字不差。

后来女生跟男生一起旅行到某城市，男生不知道，这个城市，她早就跟别的男生来过多次。

后来女生跟男生一起在许愿树上系红丝带，男生不知道，这棵树上还有好几条丝带是她和别的男生所留。

如果你遇到了这种缺失敏感度的伪装者，就别奢望在他们身上得到真爱，因为他们通常会虚情假意，与你逢场作戏，你跟这种情场老手过招，大概率会受到伤害，到时候你只能自认倒霉。

人是群居性生物，生活需要伴侣及爱情解决孤独，可那种需要不能浅薄，它是深邃的，绝不是那种兑了白开水的饮料，饮后寡淡无味。

我们的世界里也不需要那种假装热爱我们的人。正如一句网络"金句"所言："如果你给我的和给别人的一样，那我就不要了。"

究其根源，那些失去敏感度的人，感情是从什么时候开始变得廉价的呢？

是从男男女女到处寻欢开始？还是从男男女女不再相信爱情开始？抑或两者都有。

频繁恋爱的伪装者，心中大多是麻木的，因为他们觉得，无论遇到什么样的感情，最终都会失去。抱着这种认知，他们不会再花太多力气去维系恋爱关系，更不会为离去的另一半流下不舍的眼泪。

他们整日盘算着，这些失去的人，又不是人生规划中的一部分，爱去哪里就去哪里，跟自己没有关系。

这是多么冷漠又无情的想法啊！

几乎每个人都曾问过自己的伴侣："你为什么想和我在一起？"

是因为爱。

还是因为适合。

如果你在一段感情中动过真情，那你想听到的答案是前者。可你碰上的对象要是后者呢，就祈求恋人不会遇见比你更适合的人吧，否则你会有被他换掉的风险，就像是一条用旧了的毛巾，即使洗得再干净也会被更换。

那时，关于"我爱你"的无数美好愿景都会消失，伪装者还会送你一句话:"你不适合我。"

他们要寻找一个更好的对象。然而更好的,往往都是下一个。你成了伪装者的前任,他们也会因为同样的理由成为别人的前任。

也许在午夜梦回时,他们也曾疑惑,为什么没有遇到过一个可以真心相伴的伴侣。

答案是什么呢?因为这世上没有真心人吗?

其实是这些伪装者的真心被自己用轻浮消耗殆尽,他们忘记了真诚的心意只能用真诚去交换。

一份美好的感情,不会出现多次,甚至一辈子只能遇见一次。

古诗有云:"人生若只如初见,何事秋风悲画扇。"

长叹世事变迁,唯有初见是人世间最美丽的相逢。

当你与一个人相遇时,两情相悦,彼此寄托灵魂。你们会在一起生活,计算生活中的柴米油盐;在夜深人静时,你们相互说着甜言蜜语,甜腻着,傻笑着。

你们的关系自然而然,就算吃苦也心甘情愿。

然而将感情弄得像交易的伪装者们,在他们的认知里:我为你做了什么,你就要给予我什么。我为你付出到什么程度,你也得让我满意，不然就一拍两散。这种人的感情关系非要形容的话，就像商店的廉价货物，明码标价，不准多言。

他们认为趁着年轻要多交往几个对象后再结婚，才不算辜负好时光。

可是这样的做法，更多的是伤人伤己，辜负真情。

为什么伪装者不反省反省，是不是自己在对待感情的态度上存在某些问题呢？

当你年少时，原本可以为相爱的人酿出美酒般香醇的真情，但你偏偏作死，不停地往感情佳酿里掺水，然后将廉价感情卖给好几个人，并为此沾沾自喜。

你以为自己得了天大的便宜，其实是你变得越来越便宜，产生越来越受异性欢迎、被万人追捧的错觉。可矿泉水，只要两块钱一瓶，每天都有无数人购买，但有谁见过那么重视矿泉水的人？

将自己变得廉价的伪装者，越到后面，就越难与人产生感情。

因为那时候，伪装者的脑子装着的都是怀疑：他们真的爱我吗？他们真的是因为喜欢我才想跟我在一起吗？他们会不会也像我一样往感情里掺水？在追我的同时是不是也在想，如何避免自己在这次恋爱里亏本?

一旦产生这样的想法,不仅感情失败,那个不幸遇到你的人,憧憬与期待也会落空。那时,别幻想什么天长地久、白头偕老,这些词在你心中永远都只是奢望。

因为珍贵感情丧失了香醇浓度,已被你用无数杂质稀释。

那个状态的你,还能拥有美好初心去跟别人恋爱吗?

真的,有些事情不是经历越多就越好。尤其是感情,你经历越多,意味着你越麻木。

我弟弟在读小学时,喜欢过一个小女生,当时他跟爸妈说要拿一罐棒棒糖,将她娶回家。现在他14岁了,问我要了红包,然后给那个女生买了一大袋大白兔奶糖,我衷心希望十年后,他能像现在一样纯真、美好。

因为在这个美好的年纪,他们心里的喜欢干干净净,不含一丝杂质。

在最初的爱恋里,男生对绑马尾辫的女孩动心,是为她写情书、带早餐,心底小鹿乱撞。看见她从面前经过,男生会感觉全身细胞都在雀跃,内心充满欣喜。

在最初的爱恋里,女生喜欢穿白衬衫的少年,是偷瞄他几眼,不禁羞红了脸蛋。看见他从面前经过,女生会开心地将这件事写进日记里，一边记录一边傻笑。

现在呢？你还能如此单纯地去喜欢一个人吗？

如果给你机会重来，你会不会与最初最爱的那个人在一起？一直在一起？

当那些反复的经历都消失，时间倒退到你们俩刚刚相遇。你喜欢对方，对方也喜欢你。

你希冀的真挚感情才刚刚发生，也正在进行。

那时候你会向流星许愿：希望这辈子我们只拥有彼此，就这一次恋爱到海枯石烂，至死不渝。

你最亲爱的恋人听见后，温柔地笑你："傻瓜。"

第五章

往事不回头，未来不将就

FIVE

越通透，越体面

千万别辜负每一个当下

2011年，我拖着大包小包去大学报道，心中难抑兴奋。新的地方，新的同学，让我对大学生活充满向往。室友来自天南地北，性格迥异，腼腆的、豪爽的、自来熟的凑成一锅，相映成趣。

在以后的日子里，我们总是闹成一片，看上去就像一个牢不可破的整体。然而人生的轨迹是不断变化的，不可能一直产生交集，虽然我们有缘分在一所学校里生活，彼此成为同学、朋友，但在毕业以后还能保持联系的人寥寥无几。

无论我们多不舍，美好时光毕竟短暂，总有那么一天，都要为前程各奔东西，像一滴水珠融入别的河流，不停奔腾着，用力地生活。那时，我们会和熟悉了几年的人天各一方，再难在这片地域相遇。

而这些曾经来自五湖四海的同学与朋友,是白驹过隙里最多的过客,他们会在你的脑海中留下影子,随着时间的推移,越来越淡,越来越模糊。

可是身在其中的人,一叶障目不见泰山,又怎会对这些知情呢?

于是,我们及时行乐,肆无忌惮地挥霍时光,以为虚度的光阴只有九牛一毛,可直到毕业后才发现,我们再难拥有无拘无束的生活。在大学里的时光,是青春留给我们最后的尾巴,我们再怎么遗憾,也留不住它,只能眼睁睁地看着它消失在生命中,无可奈何。

那一刻,我才切身感受到时间的残酷,才明白走过无数回的校内小道是有尽头的,它就像昨天的24小时一样不会再走回来。

迟早有一天,你会发现,每晚熄灯就寝后,一大帮子人开卧谈会的日子,再也不会有了;你还会发现,每天起床铃响后,你再也不用想尽办法逃课,因为你以后都不用来上课了。

这个你花了好久才熟悉的地方,连一草一木都不再属于你。

我突然想起毕业那晚,有位室友特别狂躁,整晚都胡话连篇，我不知道他是不是喝醉了酒，但深更半夜的，他一会儿要跟宿舍管理员投诉，一会儿给校长打电话，说团结湖上漂了很多脏东西，希望他马上到团结湖清理干净。

我知道他因何反常，他只是舍不得自己的大学生活，我也是。

为了祭奠即将逝去的青春，第二天，我和大学里相识的朋友带上食物，浩浩荡荡地去了一处河堤。周围是树林，对面是一条轨道。在这处河堤上，我们畅所欲言，谈论未来的打算和未实现的理想。就在这时，一列满载光辉的动车从远方驶来，它就像我们的未来一样，不知道会驶向何处。

我曾经与好朋友大壮在学校后街开了一家咖啡书屋，它的名字叫沙漏，寓意事物变迁，时间流逝。当时我们想方设法留在原地，试图让自己不要离过去太远，然而流逝与生老病死一样，是无法抗拒的。

最终，我们关掉了沙漏，将它转给了一家服装店的老板。我说不出当时什么感觉，可能苦、辣、咸各占三分。沙漏曾经只是一个放杂物的仓库，又脏又乱，是我和大壮从零开始，一步步改造了它，并扬言要将它打造成学校最有魅力的所在。我曾在店门口摆满了花草，在店内的书架上放满了书籍。这家沙漏里不只有我的人生，还有其他人的故事，譬如男同学摆起心形蜡烛跟心上人表白，譬如一对对情侣在店里秀恩爱，当时甚至还有其他大学的学生慕名而来。然而这一切都不复存在了，我离开了学校，沙漏最终与教学楼、图书馆、宿舍，甚至批评我迟到的小黑板报一样，都成了脑海里的回忆。

这些回忆再也不会发生，于是，我将发生的故事都写进了我的第一本书里，没想到毕业至今，年年都有读者私信我："沙漏在哪里？我好想去看看。"

我不知道该如何回答他们，因为我好几年前就失去了它，对此，我有些难过。

失去就是这样，永远无法避免。也许我们能幸运地拥有一段美好的人生，可是我们不可能幸运到一直拥有它。

我只希冀在还未面临失去时，好好珍惜当下，因为谁也无法预料，此刻拥有的，会在哪一天失去。

好好享受现在，因为你不会知道，你离开这里后，会留下多少遗憾。

至于大学生涯，我们应该如何度过才更具价值？

这个问题的答案，我很遗憾自己在毕业四年后才找到，共两条准则：

一是尽量不给自己的大学生涯留下遗憾，做人勇敢一些，想要什么，就去追求，精彩的人生只有自己能够创造。

二是学习不是帮助老师完成教学任务，而是对自己的人生负责，你如果轻视自己的职业专长，未来找工作时，面试官就可能会淘汰你。

一直以来，学校在家长眼里是象牙塔，是脱离现实社会的一方净土，因此，在我们的高中时代，老师和家长对我们说得最多的一句话是："咬咬牙，等你上了大学就轻松了。"

信了这句话的人，生活往往一塌糊涂。很多莘莘学子在考上大学后因为过度放松，痴迷游戏、旷课，导致成绩一落千丈，甚至落得被学校劝退的下场。

事实上，世上除了睡觉、吃饭，就没有容易的事。大学并不是象牙塔，而是去往社会的前哨站，你能过得轻松，是因为你的父母不辞辛劳，替你负重前行。因此，那些对进入社会毫无准备的人，往往会被残酷的社会法则伤害与淘汰。许多人在毕业后，看到生活本身，讶异人生不再顺风顺水，一旦遇到挫折，就会对未来充满迷茫。

只有熬过了这个阶段，人才会迅速成长，从而担当起生活的重任，在此，我想给还在学校的同学们提一点小建议：在享受大学生活的同时,千万别忘了应对未来对你的刁难,因为迟早有一天,你要面对一路荆棘,到那时,你的人生就要靠自己负责了。

不要为你的不甘心一直买单

不甘心是人们最普遍的一种情绪,通常发生在涉及输赢、得失等失衡的事情上。我一直认为这种情绪是魔鬼,它会吞噬理智,让人无法自控,从而造成更大的伤害。

我也始终认为一个感到不甘心的人,大概率是一个缺失幸福感的人。

我有个大学同学,他经常去学校后街的台球室玩儿,但他不怎么跟人打台球,更多的是奋战在里面的一台抓娃娃机面前。

有一天参加朋友聚会,我听他提起自己在那台抓娃娃机上投入了很多钱,也没抓到心仪的娃娃,便脱口而出:"那你就不要再玩了啊。"

他一愣，然后露出了一种特别不甘心的表情："那怎么行，我都投了那么多钱，一定要抓到我想要的'娃娃'。"

他陷入了赌徒困境，只能为不甘心一直买单，在抓娃娃机机上投的钱越来越多。

这里我要提四个字——及时止损。它的意思是，在避免你的选择给你造成更大的损失前，停止不理智的行为，将损失控制在最小的范围以内。

当我们在生活中因为某个决定而受到伤害和损失，以致不甘心时，一定要想想及时止损这四个字。

人是一种容易失去理智的生物，而最能够令人们失去理智的莫过于感情。有一种不甘心，就来自于感情上的失衡，我们就统称这些人为失衡者吧。

这种失衡带来的不甘心容易伤人伤己。

一场势均力敌的感情在于两者都是付出方，他们都会为对方着想，尽己所能让对方过得更好。即使生活上有点压力，两个人也可以苦中作乐，加油打气，这样的小日子必然有滋有味，是很好的感情模式。

天长地久、白头到老的感情就是说的这一种。而失衡者的感情与之相反。

众所周知，感情不仅是奢侈品，也是一种消耗品，只有在我爱你、你又爱我时才能得到增长和维系。可只要有一方没有做到同心同步，那么这份感情就会走向穷途末路。

例如一对夫妻在一起好几年，女人深爱着男人，但是男人好像不那么爱她，他的回应时断时续。而且男人的脾气很差，不养家，不负责任，将赚钱的担子和家务活都撂给女人。可即使生活如此糟糕，女人还是不愿意离婚，因为她跟男人在一起这么多年，任劳任怨地付出了那么多，如果就这样一拍两散，她不甘心。

女人做不到及时止损，所以这样的苦日子要一直忍受下去。

多数失衡的付出者脑袋里想的是：毕竟付出了那么多，什么也没得到，就这样放弃好不甘心啊！

他们无法改变吃亏的事实，只好将自己营造成可歌可泣的付出者，实质上不过是自欺欺人。

其实这种心结，只要想开了就会解开，不必将时间花在毫无希望的人身上，不能因为持续不断地付出，就不去接受现实。不及时止损，反而会被这种不甘心所伤害。

有一个女生和一个男生在一起了，但男生只是她现阶段将就的对象。

男生很爱这个女孩，尽心尽力，掏心掏肺，但是女孩却不大瞧得上男生，因为女生内心深处有着很多的不甘心。

她总觉得自己的另一半可以更高、更帅、更有钱。她认为以自己的条件，可以配得上更好的男人。

可她看看现在身边将就的对象，不是她所想的白马王子，他是那么普通，那么不起眼。她一直享受着他带来的好，也从不掩饰眉目间的嫌弃。

不甘心导致不顺心，于是她对男生设置各种考验，想着：你为我做到了什么程度，我再根据心情对你好一点。

她在和男生约会的时候还总说："和我在一起，你是占了天大的便宜，如果我换一个新男朋友，会比跟你在一起过得更好。"

满脑子不切实际的女生，在某一天经过深思熟虑后跟男生提出了分手。她对他说："哎呀，我发现你这个人不是我心目中最想要的对象，我甚至不知道自己为什么会跟你在一起。你肯定也发现了，我没那么喜欢你，我们就分手吧。"

女生昂扬而去，满心期待着白马王子出现在她的生活，想象自己很快就能过上梦幻般幸福快乐的生活。

她真的会得到幻想的幸福吗？

有可能,但不是绝对。

如果她不能转变性格,不知道珍惜当下,那么不管她开始多少段恋情,对于她而言,最好的永远都是下一个。

长此以往,她的幸福感就只能建立在新鲜感上,迟早有一天会为这种不甘心付出巨大代价。

无论是在男人群体还是女人群体中都存在这种人,大家最好祈祷自己不要在感情上碰见。如果不幸遇见了,在他们消耗殆尽你的心气前,一定要记住及时止损,记住不对等的感情不值得你付出精力。

我想起古希腊哲学大师苏格拉底,他有三个弟子向他求教:怎么才能找到理想伴侣?

苏格拉底让弟子们去田野里,一直前进,然后选一根最大的麦穗回来,选择的机会只有一次。

有个弟子每当要摘麦穗时就告诉自己,后面还有更好的,但直到他到达终点,才知道自己错过了所有好的麦穗。

那些不甘心的人也是如此,他们总有一天会明白自己错过了多少对的人。

遇到令自己失衡的事情,产生不甘心的情绪很正常,但如果你不想失去更多的话,就要调整情绪,不要让不甘心操纵自己。

从不甘心中走出来,用平凡心看待一切,你才会发现,自己并未失去什么,反而获得了从容与豁达。

如何与爱抬杠的人和谐相处

你肯定有过这样一段经历。

当你与别人讨论一件事情,明明你表达的观点特别有道理,可得来的不是别人的认同,而是恶语相向。你对这些人的蛮不讲理感到无力,你不厌其烦地解释,试图让他们接受你的观点,然而这一切只是徒劳,他们就像个聋子一样,听不进任何意见。

不仅如此,在沟通过程中,这些人还会不停地反驳你的观点,你为此愤懑气结,却又深感无奈。

不愉快的辩论使你的心底产生疑惑,为什么别人总是反对你?

这些喜欢反驳你的人是天生爱抬杠吗?还是他们喜欢用抬杠敌视你?

我曾经和一个网友吵架，鉴于他脾气一点就炸，我管他叫爆竹。当时，大家在群里讨论一件事，爆竹因为不了解事实，说出了非常偏颇狭隘的观点。我这人爱较真儿，就为他阐述了事情的经过。我原以为帮爆竹理清事情的来龙去脉，就能收到一份赞扬，结果得来的却是他的破口大骂。

起初，我以为是自己解释得不够详细，便将事情经过、相关道理重新一条条向爆竹说明，却依然得不到他的认同。他根本不看我说了什么话，只是一味阴阳怪气地跟我抬杠。

几番解释下来，我感觉特别心累，只好放弃了跟他沟通。苦思冥想了半天，我恍然大悟，就问爆竹："是不是因为我反驳了你的观点，让你觉得丢脸，你才这样攻击我？"

爆竹没好气地回答："原来你也知道啊？显得你多聪明似的！"

紧接着他又说了一句："你让我感到不舒服，哪怕你说的是对的，我也要反对你，不管你说什么我都要反对。"

隔着手机屏幕，我仿佛听到了他的冷笑。

在心灰意冷的同时，我也明白了，大多数人都不喜欢承认自己的错误，因为承认往往意味着要丢脸，这对心智不成熟的人来说，是万万不能接受的。

他们之所以反驳你,并不是因为他们不认同你的观点,而是因为你的观点令他们相形见绌。所以,他们在以情绪对抗,甚至故意胡搅蛮缠,这也是人性丑陋的一面。

　　当然,这只是某些人爱抬杠的原因之一,不排除我们的言论确实存在谬误,才遭到他们的反驳。这一点只要有自知之明的人都了然,能够知错就改,不作展开说明。

　　再来说说某些人爱抬杠的另一个原因——认知偏差。

　　许多时候,你向某个人阐述看法与观点,明明就事论事说的是甲,但对方却盯着乙、丙、丁不放,就是不跟你讨论甲。你非常耐心地告诉对方:"你说得没错,乙、丙、丁都是存在的,但是它跟我们在讨论的甲无关。"

　　对方却听不明白,依旧脸红脖子粗地跟你辩论。

　　打个比方,在你的面前有个篮子,里面装了香蕉、菠萝、苹果。

　　你拿起苹果说:"这个篮子里的苹果非常甜,糖分肯定特别高。"

　　这时,有个人跳出来指责你:"梨子也很甜啊,难道它的糖分不高吗?"

　　你向他解释:"梨子的糖分的确很高,可我说的是这个篮子里的苹果，里头没有梨子啊。"

那个人继续指责你："为什么不能说梨子？它不在这个篮子里就不能说吗？"

你："……"

是不是感觉无法沟通？争执就是这样产生的，归根结底是因为你们的认知没有统一，造成了偏差，导致鸡同鸭讲，出现难以调和的矛盾。

在与朋友们讨论这个观点时，他们表示："鸡同鸭讲永远都讲不通。"

事实的确如此，可你有没有想过，鸡同鸭讲仅仅是因为语言不通，如果鸡和鸭的语言与认知达成一致呢？沟通不是就顺畅了吗？

要知道一千个人眼中就有一千个哈姆雷特，每个人都在用自己的视角去看待事物，因此每个人对同一件事、同一句话甚至同一个字的理解，都存在着不同。

你的想法与观点得不到别人的认同，并不是因为你的想法和观点不对，只是因为你在用自己眼中的哈姆雷特与别人眼中的哈姆雷特交锋。结果显而易见，因为认知南辕北辙，以致你们根本就没办法交流下去。

唯有统一认知，才是达成有效沟通的基础。

有个网友大吉在跟大家聊天时，声称自己是一个认死理的人。

什么叫认死理？简单来说就是，坚持某种道理或理由，不知变通。

我想知道大吉关于认死理的认知，就问他："你怎么认死理呢？"

大吉回答："我总是对错过的人和事念念不忘。"

我将认死理的释义复制发给大吉，并告诉他："对于错过的人和事念念不忘，不叫认死理，叫不甘心和后悔。"

你看，大吉对于认死理的认知就跟别人不一样，如果你不事先了解他的认知，以自己的认知去和他辩论，那么讨论到最后，你们会各执一词，吵到脸红脖子粗。

在那些铺天盖地的情感故事中有个共识："三观"不合的人不能够在一起。

假设该共识的应用条件是传统"三观"，但每个人对于"三观"的认知存在差异，这致使人们有时候的选择匪夷所思，因为很多人都是按照自己认知的"三观"进行抉择，他们自以为正确，却不知自身的想法脱离了基本认知，已经走上歧路。

譬如，在你的认知里，"三观"是世界观、人生观和价值观。而与你产生意见分歧的人所认为的"三观"是性格、习惯或者其他。

这就像有的人爱吃桃子，有的人爱吃苹果，这是生活习惯不同，你并不认为这有什么大问题，但对于将"三观"认知为生活习惯的人来说，这就是天大的问题。

假设你的女友喜欢看爱情电影，而你涉猎广泛，只要剧情精彩，无论什么类型的电影都爱看，包括爱情片。可由于你平时看治愈系的电影较多，你的女友就固执地认为，你只喜欢看治愈片。由于她并不知道你真正的想法，又认为"三观"不同就是爱好迥异，于是各种纠结，脑海里会有一个声音不停地跟她说："'三观'不合的人不能在一起。"

终于有一天，她痛下决心告诉你："对不起，你爱看的是治愈片，与我"三观"不同，我们不能在一起。"

那时你百思不得其解，不明白为什么会有这么奇怪的分手理由，明明爱情片也在你爱看的类型中，就算你不爱看，也只是个人喜好不同而已，怎么就跟"三观"不一致挂钩了呢？

所以，你如果想要一段长久缠绵的爱恋，除了要跟恋人相互喜欢，还要"三观"相近，最重要的是你们对于事物的认知，一定要统一，否则你们的关系就会沦为虐恋，麻烦不断。

有次跟朋友们聊天，谈到情侣吵架的问题。

我认为两个人在一起生活，无论遇到什么争端，都应该思考更合适的解决方法，而不是一味否定对方，将过错全部推到对方身上。尤其是在情侣吵架后，两个人更该审视整件事情，将双方的过错拎出来，一件件解释清楚，然后达成共识，就能避免相同问题重复出现。

有位朋友反驳我："能单独拎出来的问题都不是问题，有时候两个人追根究底，咄咄逼人，反而会激化矛盾。"

我一听她的反驳就知道，她的认知与我的理解有偏差，她觉得这样只能造成指责和推卸责任，因为在她的认知里，人不会承认自己的错误，但我表达的明明不是这个意思。

如何去解决这样的问题呢？

如果你在跟人辩论时，发现彼此之间做不到有效沟通，就别忙着向对方输出观点，先停下争论，告诉对方你对该事物的具体认知，然后再询问对方对该事物的认知，最后在此基础上求同存异。

于是，我向朋友解释我对这个事情的认知："我说的拎出来解决，是双方自省问题，都承认自己不对的地方，从而心平气和地去解决矛盾。而你的认知是两个人追根究底，相互指责，非要一方完全承认过错，所以才会觉得这是咄咄逼人。"

这么一解释，大家了然，原来我们在这个地方的理解存在认知偏差。我是这样想的，她是那样想的，当我们的认知达成统一时，自然就能有效沟通。

朋友这才恍然大悟："说得对，有时候不理解和反对都是因为认知偏差造成的。"

我以前和人争论的时候，从没有考虑到这一点，结果就是谁也说服不了谁，争得久了，难免会伤了和气。

久而久之，就一直在想是哪个环节出了问题，终于找到了答案。

打个比方，你认为的固执是褒义词，而我认为的固执是贬义词，我们都试图说服对方，却又不认同对方，那我们辩论到天荒地老也没有用。我们不仅不会接受彼此的观点，甚至还会为此打起来。

那如果我们先达成认知统一呢？

你告诉我，为什么在你的认知里固执是褒义词。

我告诉你，为什么在我的认知里固执是贬义词。

解释清楚后，我们就都明白了，原来对方是以这种情况来看待的固执，在那种情况下，对方的释义是完全成立的，并没有错。

这么一来一往，我们的戾气就抵消了，也接受了对方的观点，不会误以为对方只是想抬杠。

也正是明悟这一点，我改变了跟人辩论的方式，在企图说服别人前，会先去比对双方的认知是否一致。这样一来，达成有效沟通的概率就得到了显著提高。

其实，有些事情看上去复杂，想明白了就非常简单，回到最开始的那个问题：为什么别人总是反对你？

因为人怕丢面子的时候，不想被别人比下去；因为人有认知偏差，沟通无法顺畅。

该如何让这些爱抬杠的人与自己和平共处，相亲相爱呢？

我们可以按方开药，如果遇到了怕丢面子的人，就注意说话方式，别伤到对方的自尊心；如果遇到的是认知偏差者，就尽力跟对方统一认知，达成共识。

毕竟一辈子那么长，我们还要长命百岁，气死了自己怎么也不划算！

别坚持了，放弃失败的感情吧

感情是一种让人难以预测的东西。恋人之间的感情，随着时间的变化，有可能日渐升温，也有可能日渐冷淡。

造成男女关系充满波折，前后截然不同的原因在哪里呢？还是那个答案——爱情是需要补充的消耗品。

恋爱中的两个人相互拥抱取暖，在甜蜜上你来我往，你给了我一颗糖，那我就要给你两颗。总之，双方都想对对方更好一点。这种良好互动，能让爱情处于最温暖的状态。

然而，生活中令人失望的另一半不乏少数，这些人总是在感情里扮演辜负者的角色。如果将爱情比作银行，那么这些人就是只取不存的老赖。

大多数失败又让人心寒的感情，都是好姑娘、好男孩遇见了辜负者造成的,他们的共同点是特别吝啬感情上的付出,却又无比希望别人对他们无私奉献。

他们很少去补充甚至不去补充和伴侣之间的爱情,所以另一半的失望会越积越多,温情越用越少。

日复一日,年复一年,当这种无法维系的感情掺杂了一大堆失望时,便会酿成悲剧,而更可悲的是,那个动了真情的人,哪怕遍体鳞伤、心力交瘁,依然在这段感情里死撑。

有的女孩跟朋友哭诉,说她多么思念一个人,为对方彻夜难眠,茶饭不思。可是那个被她想念的人却跟石头似的,对她表露的爱意无动于衷。

她没有料到,爱一个人居然要筋疲力尽,太累了!

有的男孩有苦不能说,明明他是那么喜欢对方,为对方无微不至,掏心掏肺。可是对方从头至尾只是享受他的好,对他想要的回应视若无睹。

他没有料到,爱一个人会让自己如此狼狈不堪,太苦了。

由于得不到反馈,这些为爱付出的人心灰意冷,一想到对方根本就没有爱过自己,甚至都不曾将自己放在心上,会有多么失落和失望可想而知。

遇到辜负者,你的喜欢被耗尽,等到你不得不放弃时,痛苦会使你对感情缺乏信任，就算幸运地遇到下一段感情，也会与人相处困难。

不再信任别人的源头就在这里，那个真挚又努力、恨不得将自己一颗红心摆给对方看的自己，没有得到好的结果，所以就难以相信自己能遇到更好的爱情。

而那些不管不顾死撑着的人，天真地以为熬过去就能柳暗花明。

赶快醒一醒吧，你奉献自己，但对方觉得这是理所应当。别说一生了，对方连一时的温暖都给不了你。

有个叫云朵的姑娘谈恋爱了，对方是一个看上去阳光型的男孩——阿力，是他先追的她，用的招数是死缠烂打。云朵这个小女生，很快就在甜言蜜语的攻势下投降了，开始和他牵起了手。但云朵只享受了对方三个月的温暖，阿力的态度就发生了很大的转变。

有时候云朵会想起阿力最初的誓言，他说会娶她，会对她好一辈子，叫她依赖自己。没想到情况变了，阿力不再对云朵那么好，总是说自己因为太忙而忘记回复她的消息。天真的云朵想是不是自己不够好，便很大方地给阿力买各种礼物，积极地和他聊自己的趣事，可是他在她的面前总是显得漫不经心。

有时候在一起约会，阿力也不管她，就自顾自地玩手机。

再后来，云朵发现阿力跟某个女生的联系多了起来。虽然云朵知道恋人之间需要信任，但是看着阿力跟那个女生相谈甚欢，聊一些男女之间的小秘密，她就对阿力信任不起来。

到底从什么时候开始，那个对自己信誓旦旦的人发生了这么大的改变？

她也不知道答案，只知道后面的剧情发展很烂俗。

阿力跟云朵坦白说自己喜欢上了那个女生，并觉得这才是真爱。云朵很难过，每天煎熬，还要看着他跟那个女孩亲密互动。

她无法阻挡这份感情的变质，也无法挽回一个可能从没爱过自己的人。

他不再对她好，也不再对她有一点感情上的温暖，只想熬到她主动提出分手。

这段半死不活的感情令云朵特别难堪。但她为什么宁愿苦苦受煎熬，还不放弃呢？

有个叫大鹏的男生交了个女朋友，以为自己遇到了真爱，却不知道那个女孩子只不过是出于寂寞，在没有更好的对象时，想让大鹏陪伴她。反正大鹏老实，心甘情愿地对她好。大鹏也真的对她好到了骨子里，给她洗衣做饭，帮她处理工作上的琐事，带她去旅游，不仅是一个合格的"钱包"，也是一个很好的逛街"劳力"。

大鹏很高兴，他以为这样下去，两个人很快就可以结婚。于是，大鹏兴奋地跟她说"我们早点结婚吧"，她显得很犹豫，说太仓促了，暂时不会考虑结婚。

大鹏失落了一下，过了一段时间，第二次向女朋友提起这个话题。但她又换了一个答案，说不想让以后的孩子吃苦，如果工资没有达到几位数，没有几百万存款就不会考虑结婚。

慢慢地，大鹏发现女朋友开始变得忙碌，每次给她打电话，她都说没空。大鹏并未多想，只是后来才发现，每次她说在忙以后就跟别的男生聊天，言语暧昧。那一刻，大鹏才意识到她已经很久没有跟自己聊过了，也不知道她在干什么。有次两人约会，他甚至发现，她根本没有存大鹏的手机号码，所以他每次打电话过去，她的手机屏幕上显示都是陌生来电。

后来她跟大鹏提过十几次分手，说跟大鹏在一起看不到希望，每次都是大鹏死皮赖脸、毫无自尊地将她挽回。

她有一句话没有说错，就是这段感情没有希望，因为她根本不爱大鹏，只是将大鹏当作自己人生的过渡跳板。大鹏在这份感情里越来越痛苦，不管他多努力地去爱她，都得不到他想要的温暖。

为什么宁愿苦苦受煎熬，还不放弃呢？

其实这些陷入泥潭里的人也知道自己拥有的是痛不欲生的感情，但是他们不愿意承认。为了让自己心里好受，他们甚至会主动暗示、催眠自己，替那个绝情的人说好话：什么对方工作忙，所以好几天都没有回我的消息啊；什么对方是在应酬，所以才和别人眉来眼去啊；什么是自己做得不够好，所以对方才会对自己那么冷淡……

可是这些理由能欺骗自己多久，一辈子吗？能说服对方一定会跟自己白头到老吗？

知道前头就是万丈深渊，你不去止步，还一头扎进去。你到底为什么不愿意放弃一段失败的感情，放弃一个不爱你的人呢？

你真的没有必要去在乎对你视若无睹的人，也不需要再为失败的感情做出牺牲，因为那样干只会糟践自己。

如果你不想再为这种人继续痛苦，就一定要走出来。第一，承认感情是失败的；第二，明白为一段不值得的感情如此痛苦，不值得。

为这种"情感无赖"而付出，不过是白费力气。放弃不适合自己的人，放弃不属于自己的感情，才是明智的选择。

那些令你难过的人，都不配你认真。

人生没有如果，选择即是未来

每隔一阵子，对当下生活感到不满，或者遇到不如意，我就特别想回到过去，希望一切都能重新开始。幻想着高不成低不就的人生可以得到容光焕发的第二次机会。想着自己浑浑噩噩地睡去，第二天醒来是在小学教室的课桌上午睡，然后修正经历过的错误，抹平所有遗憾，只做对的事，远离错误的人。

会这样想的，肯定不止我一人，只不过大家长吁短叹的时间和方向有所不同。你肯定也说过或者听过这些类似的话：

如果当初我好好读书就好了，就不会像现在这样重复廉价劳作，没有上升空间；

如果当初我选择理科就好了，我就能像隔壁家的孩子一样升职、加薪、实现财务自由；

如果当初我选的是另一所大学，如果当初我选的是另一份工作，如果当初我遇到的是另一个人……我的人生就不是现在这种糟糕的样子了。

然而，世上没有后悔药。人生没有如果，你的选择既是你的未来。

2021年，弟弟和妹妹准备参加高考的时候，有些紧张、有些向往，他们既害怕没考到好成绩，又对未来的生活充满期盼，感觉就像正在翻过一座大山，即将看到精彩又未知的世界。

十年前的我也经历过这一幕，也像他们一样青涩懵懂。当时有个同学和我在一个班，临近高考的最后一两天，他拿着手机挨个儿询问同学有什么感想，以后准备做什么工作。

对于他的问题，大家嘻嘻哈哈地回答，以为未来还很遥远，漫不经心地宣扬着自己的志向。

谁也不知道，高中要好的同学，从此刻开始，就要面临分道扬镳，或是继续学业，或是早一步接触社会，各自拥有不同的生活。

谁也不知道，这稀松平常的几天，就是大家人生的转折点。

那时的我因为沉迷于课外读物，又不认真上课，导致成绩一般，经常处于中下游水平。在老师眼里，我就是全班扯不动的后腿。但父母对我寄予厚望，给了我很大压力，我很害怕让他们失望。所以，当朋友一边录像一边问我时，我说自己终于松了口气，可以从爸妈的唠叨里解脱，如果高考考砸了，大不了以后就随便找个厂子打工。

后来，我翻出这段视频看了很久，觉得当初说这些话的自己莫名可笑，如果真那样轻巧地做出选择，我一定会对自己失望。我的生活就不会是自己想要的样子，不会遇到大学里的好朋友，不会加入文学社，不会在毕业时开一家咖啡书屋，也不会开始写文章，更不会找到现在的工作。

我瞬间了然，是我的选择，让我成为现在的自己，这让我有些庆幸。

很多人喜欢将一切都归咎于命运的安排，翻译过来就是，失败的人生，罪不在我。但排除不可抗力的意外之后，我发现，人的一生每天都会面临无数选择，而每种选择都会获得不同的感受和分支，就像游戏剧情一样，你的每种选择都有对应的结局。你早上六点起床，别人早上十点起床，人生都会有很多不同。因为，在同样的接触面与机会面中，晚起床的那个，永远慢你很多步。

还有一些比较短视的人，被短期利益诱惑而做出选择，最后竹篮打水一场空，又开始耿耿于怀，痛恨自己怎么鬼迷心窍，怎么没有坚持当初的另一个选择。然后在将就和长期痛苦中，四处控诉生活的不公。这种情绪在事业和感情中极为常见，也是下一个错误选择的源头。

想起小学六年级的一个晚自习，同学们闹哄哄的，都在交头接耳，不是在聊电视剧，就是在讨论动画片。有个女人在窗外看了很久，她突然跑进教室，语重心长地告诫我们："你们一定要好好读书，千万不要等将来长大了后悔。"

同学们听到她说的话先是惊讶，而后哄堂大笑，以为这人是不是脑子有病。看着她一脸落寞地离开，大家笑得更厉害了。再次想到她，我突然感觉心有郁结，原来她当时说那些话的时候，心里是这种滋味，一种叫后悔的滋味。

很多年后，我们都活成了她落寞的样子，悔恨当初没有好好念书。

原来我们这一生大多数的失望和遗憾，都起因于自己曾经的选择。只有明白了这一点，我们以后进行选择时才能更加慎重，尤其是遇到人生的十字路口，一定要想清楚自己想成为什么样的人，这样才不会轻忽人生。其次，要牢记过去无法改变，可以短暂怀念，但不能画地为牢，囚禁自己，要向前看、向前走,尽可能地让每个选择都有意义,已经做错的,就远远甩到身后。

虽然不如意的时候,我们还是会留恋过去,这无可厚非,但我们绝不能为之沉溺,将之当作逃避生活和不承担责任的借口。我们要去往更广阔、更灿烂的天地,找到比当下更值得拥有的浩瀚。以此为基础,做出选择,接受选择,再做下个选择,周而复始。

人生有时候就像一艘船,航行在变幻莫测的大海之中,没人知道接下来会遇到怎样的天气。我们选择了去哪里,就要为自己的方向负责,包括承受选择它的代价,不管中途是风和日丽还是电闪雷鸣,不要心有不甘,不依不饶,那是小孩子才有的做法,我们要学会愿赌服输。

还是那句话,人生没有如果,你的选择即是你的未来。虽然很多时候,选择令人痛苦,但人生是一段长路,"路漫漫其修远兮,吾将上下而求索"。与其为过去的选择自怨自艾、自暴自弃,不如扬起风帆、开足马力,"长风破浪会有时,直挂云帆济沧海"。

让你的人生拥有另外一种可能

有人问过我一个问题:"努力到底能不能改变命运?"

这个问题让我想起了初三同学阿明。

见面第一天,我们俩就在宿舍打了一架。

当时刚从外头回来的我,看见自己的床单和被子都被人扔了下来。干这缺德事的就是阿明,他看中了我的上铺。见我进了宿舍,他很不屑地看着我说:"这床铺我要用,你换个地方。"

如果他礼貌地向我请求,以我不喜欢惹事的性格,十有八九会答应他。可他偏偏这么粗暴蛮横,而我这人固执,看着他趾高气昂的样子就反感,直接拒绝了他的不合理要求。

没想到阿明脸色一变,认为我落了他的面子,特别愤怒。

说真的,我平日里最讨厌的就是这种人,学不会好好说话,只会好勇斗狠,以为凶狠一点,所有人就会怕他,乖乖任他鱼肉。

他以为自己是谁?真是太可笑了。我坚决不同意跟他换床铺,他最后只好作罢。

后来,阿明成了我们班最调皮的学生,成绩差、脾气差,连顶撞老师都是家常便饭。

从我们第一次冲突开始,我就知道这些都是意料之中的事,说他是班主任最头疼的人也不为过。

说来也怪,当我们脱离学校,进入社会,在我们的记忆当中,总是有这么一个同学因为调皮捣蛋让人印象深刻,想忘都忘不了。

当时班上的座位顺序是按学习成绩优劣来排的,而阿明每次考试都是倒数第一,只能坐在最后一排。

那个地方靠窗户,老师很难注意到,所以他每天上课不是看小说,就是跟同学说悄悄话,无聊的时候就趴着睡觉,想让他学习简直比登天还难。

有次上数学课,阿明因为影响其他同学学习,被数学老师点名批评。数学老师用粉笔指着他:"你干什么?不想读书就出去，不要影响别人。"

阿明在同学面前不想丢了面子，就梗着脖子说："关你什么事，要你管那么多。"

两人吵闹的动静越来越大，数学老师想带他去办公室教育，没想到阿明直接走出教室，扬长而去。

最后处理的结果是，阿明记过处分，写检讨并当众反省。

但阿明毫不在意，他觉得这些都无所谓，本来就没什么心思读书，正好合了他的意。

我们初三的教室在二楼，阿明因为坐在窗户边上，经常无聊地将作业本揉成一团团后扔到外边，他这种行为导致我们班被通报批评。

班主任因为这些糟心事，对阿明痛心疾首，但打不得、骂不得，教育谈心也没有丝毫作用。

有次班会课，班主任讲着讲着，声泪俱下。我还记得她带着哭腔对阿明说的那句话："你为什么就不能好好读书呢？你将来能去做什么啊？"

阿明理直气壮地回答她："读完初中我就不读了，我出去打工。"

班主任问他："你去打什么工？"

阿明环顾了一下四周老实读书的同学，不屑地说："反正有的是事做，很多有出息的企业家不都是辍学的吗？"

他一副自己能力十足、可以走南闯北的嚣张语气，好像全世界都在他的掌握中一样。

班主任直直地看着阿明，我仿佛看见她的眼神里露着一丝悲哀。

眼前这个不安分守己的学生，从来不知道什么是天高地厚，不知道什么是生活艰辛，以为好生活、好工作能张口就来。

可即使将来有什么机会摆在他面前，他又有什么能力去抓住呢？终有一天，生活会叫他明白，也会教训他去明白。

班主任是个中年女人，名字里有个"平"字，阿明背地里给她取了个外号。

很快，这个外号就传遍了整个班级，这让阿明充满成就感，他还扬言毕业的时候要去报复这个和他作对的老师。

时光短暂，我们迎来了毕业考试，阿明马马虎虎地对付完考试，就去了广州，想找一份大展身手的工作。

但他廉价的劳动力只能换来一份微薄薪水，他特别爱玩，每个月都存不下钱。这样的生活只是持续了两个月，阿明就受不了了，吵着要回家。

阿明的父母一商量，觉得这样下去也不是办法，还是决定让他读书。就这样，阿明又来和我上同一所高中了。

他在我隔壁班，再次看见他时，他的精神面貌有了一些不同，没有了以前的戾气，瞧着顺眼多了。

我们俩宿舍离得近，每天早晚都能碰到，从这时候开始，我才没有那么仇视他。路上遇到他，我也会笑着打个招呼，和他的关系有一定程度的缓和。

我惊讶地发现，阿明不一样了。他开始认真学习，但因为初中基础没打好，很多课堂上的知识理解起来特别吃力，完全跟不上教学进度。

一个月以后，他再也没来过学校。

直到有个熟人告诉我："你知道吗？阿明退学了。"

我惊讶地问熟人："退学了？那他准备做什么？"

熟人继续说："他已经好久没来学校了，家里人又给他找了一份工作。"

我摇摇头，没有为他感到半点可惜，以为是他耐不住性子的老毛病犯了，不想再待在学校了。

这是阿明选择的人生，不管他以后成为什么样的人，都是他自己的选择，即使错误了，那也是他应该付出的代价。

阿明的父母帮他找的工作很简单，是在一辆往返镇里和市里的客车上当售票员，每天的工作就是收车费。我再一次遇见他，是从学校坐车回家。

阿明手里攥着一大把票子，坐在车门口，完全没有当初的坏脾气了，对每个乘客都细声细语，礼貌地说着在车里要注意的事项。

"车里的人不要抽烟，车里不止你一个，不要影响别的乘客。"

"请给抱小孩的人让一个位置，谢谢。"

"把窗户关一下吧，谢谢。"

……

当他看见我时，表情有些尴尬。

不过我还是开口问他："你就一直在这里做售票员吗？"

阿明说："其实我只是兼职，准备回去重读初三。"

原来事情不是我想的那样，他并不是老毛病犯了，而是知道自己基础不行，想要回去重新读书把基础打牢固。

阿明仿佛是一头桀骜的小怪兽，突然摘去了伤人的尖角。他不再和人发生冲突，不再在老师的课堂上睡觉，将精力都花在了学习上。

那一年他比班上的其他同学都要努力，每一份试卷，每一道试题，该如何去做，如何掌握知识点，都努力去研究，尽量让自己不要丢分。

认识阿明的同学和老师，都夸他转了性。其实他只是经历了很多，终于明白了自己该要什么，想让自己变得优秀起来。生活需要努力，需要奋斗，否则只会一事无成。

后来我再遇到阿明，他这个原先倒数第一的调皮学生已经考进了重点高中。

为此，他付出了特别多的时间和精力。

他能做到的，其他人也能做到，只是看你愿不愿意改变。

对生活少一点幻想，多一些脚踏实地，让自己一点一滴地进步。天上不会掉馅饼，你不努力，就无法拥有从没拥有过的人生。

上大学的时候，我有个室友，他每天都和我们说："我有一个非常远大的理想，我要做一番大事业"。

我好奇地问他："那你怎么不去做呢？"

他支支吾吾半天："因为我知道肯定实现不了。"

我继续问他："你不去做怎么知道实现不了？"

他回了我一句"反正就是实现不了"就不再搭理我。

他说他有理想，我信，他说他想成功，我信。

可是他从没想过怎么让理想成真，甚至都没为理想花费过一丝力气。

所以不要太想当然，成功没有那么简单，努力也不是为了别人，而是为了未来能成就更好的自己。

每个人都想成为优秀的人，成为别人赞不绝口的存在。可是你表现得那么差劲，拿什么去成为那样的人呢？

我不知道努力能不能改变命运，但我知道，只有努力，才能让你的人生拥有另外一种可能。

只有时光逝去,才能让你记住一切

小时候的时光真是有趣,我亲手做过风车、纸枪、陀螺,甚至有一天,还和小伙伴拆下了玩具汽车中的马达,然后用白色泡沫做了一艘船。

当泡沫船的马达突突地旋转起来,推动泡沫船在水中前行的时候,我们心里满是成就感。

但大人们看不得这样的欣喜,他们只会说:"臭小子,才买来多久的玩具就被你们弄坏了,给我回屋里面壁思过去。"

那时候除了几个特别调皮的孩子以外,其余的孩子都比较老实。

那个时候家家户户还没有彩电,我家里买了一台黑白电视机,在左邻右舍的眼里就算得上是一件很了不起的事情。

虽然父母禁止我沉迷看电视，但上有政策下有对策，为了不被他们发现我看了电视，我会用湿毛巾将发烫的电视机冷却。

还记得有一次为了看动画片，我在房间赖着不走，洗了足足一个钟头的脚，水凉了我也不走。幸好不是寒风凛冽的冬天，不然我的牺牲可就大了。

总之，我的兴趣不知不觉就转到那个玻璃框里无数的角色里去了。

我看的第一部电影是《泰坦尼克号》。在那个好动的年纪，我竟然那么耐心地看完了这部比较复杂的电影，真是惊奇。

令我不解的是，天寒地冻，那么冰冷的天气，男主角和女主角之间的温暖居然只是跟对方说了一句"我爱你"。

直到后来我才明白什么是爱情，它是一种可以成长为亲情的感情。这是两个人之间的事，不能只有一方一味地付出，因为温暖本来就该是相互的。感情是一种交流，如果连最基本的温情都不能流露了，那说明这段感情将要面临死亡。

等再大一点，父亲不知道从哪里买来一台学习机，当然，他不会给我游戏卡，最初是让我来学习的。我记得自己那时候就将五笔输入法学会了，只不过一直到上初中才有电脑可用，结果又将五笔输入法忘得一干二净。

每个父母都是望子成龙、望女成凤，偏偏那时候我们就爱玩。我经常躲在小伙伴的家里打魂斗罗、冒险岛、超级玛丽。我自然是逃不开这些诱惑的，但每回出门都得派个人望风，不然下场就是家里的一顿批评。

有一天，有亲人问我，长大后的愿望是什么。

我脱口而出："我想当图书管理员，在家附近建一座图书馆。"我已经物色好了地址，甚至想象到放学后，很多人窝在那里看书。这是多么美好的一件事。我相信它，只是因为我喜欢。

我不喜欢按老师们说的，理想一定要远大。理想本来就应该是一件想着就开心的事，并且会一直朝那个方向努力。它不该是大人们天天在耳边唠叨的硬性目标。我就一直想去荷兰的海牙老图书馆，每次看到关于它的图片，心里都会觉得振奋。

我记得学校后面有座山，山下有一条水沟，每当下课，我就会和要好的玩伴一起去抓螃蟹、小黄鱼。每次听到上课铃的时候，我都想到一年级和许明在大礼堂外面玩泥巴，被老师发现后，直接在原地罚站。那时候也不怕丢脸，就老实地在那站着，每次想到这件事，我都有些纠结，觉得自己太蠢了。

那时候，晚上还要上自习，一群人约好后就奔往学校。但自习的时候没有多少人老实，而我们这些人就扎堆讲鬼故事，说得好像亲眼见过一样。我有些怀念回家路上拼命奔跑的场景，那时候，我拿着手电筒乱晃，看见旁边沟里有一个黑色圆圆的像脑袋一样的东西，吓得我们撒开腿就跑，第二天早上才发现那只是个黑色塑料袋。

依稀记得当时有个男同学，晚上因为用鞭炮吓唬女生，被老师狠狠地批评了一顿，我们在一旁不敢出声，因为我们是共犯。只能心里哀叹"可怜的娃，谢谢你为我们背了黑锅，只要你不说，大家还是好朋友"。

后来他给班里的一位女同学写情书，我当时就震惊了，那么多错别字，让我哭笑不得。虽然小学快毕业的时候，我也收过别人用拼音本写的情书，但没多少人知道。

那个时候我还比较期待周末，因为父母不会限制我看电视。我有时候会和朋友们出去玩；有时候一个人跑到后山，那里有一大块草地，我喜欢躺在那里。

记得有一次，天气很好，阳光温暖，我垫着手掌看着天空，云飘得很慢，有很多形状。我喜欢看云从太阳旁边飘过的场景，阳光会透过云的缝隙漏下来，非常漂亮。大概是觉得舒服的缘故，我睡着了，一直睡到傍晚。

我有很多藏宝地。当然，所谓宝贝，只是些不值钱的弹珠、玻璃以及各种小玩意儿。

我忽然想起曾用汽水瓶装满满一瓶弹珠，像极了我满载记忆的童年，各种颜色，好的、坏的、光滑的、有斑点的，既美丽又有瑕疵。

我还有个秘密基地，在家里的阁楼，一个往下凹的方块坑里，周边被我用纸箱挡起。里面摆放着我的CD，我当时最喜欢的一首歌是《走在乡间的小路上》。

我还邀请过小伙伴一起参观，对外的出水口，被我们想象成对敌的炮台。结果，我父亲三下两下就将我花了一下午搭建的基地毁坏殆尽，他不知道我弄好这些有多么辛苦。

还有一个秘密基地在一条小巷里，我和伙伴们在里头玩过弹珠，商量稀奇古怪的主意，甚至还孵过从树上掏来的麻雀蛋。那时候，我们用鞋盒子做了一个窝，每天放学都会过去看。一个星期以后，蛋上的裂纹让我们以为小鸟快要出世。其实这个蛋早就坏了，有一天我们终于忍不住好奇碰了碰，蛋碎了，臭味扑面而来。最后，我们煞有介事地为这颗蛋祷告，祝它一路走好，也忏悔我们的照顾不周。

随着慢慢长大，我很少再经过那些地方，就算经过也不会再进去。去年在家，闲得无聊，到处走了走，当我再次看到那个巷子，禁不住感叹，曾经有那么多美好回忆的地方，现在居然这么杂乱。我忽然有些难过，因为我知道，在那堆没用的废墟下面，藏着我逝去的童年时光。

我想起我家以前的红砖房子，有不大的客厅，有两间卧室，有厨房和厕所，还有阁楼。那时候我一个人睡一间房间，因为胆小，睡觉的时候喜欢将电灯开关拿在手上，一有动静我就会开灯。

高中读寄宿学校的时候，父母告诉我，要盖新房子了，问我什么时候回去帮忙。我总期盼新房子盖得慢一些，因为我想给这栋红砖房子拍照留念。然而，熬到放假，我急匆匆地回家，看到的只有拆剩下的地基。

想着记忆里老房子的样子，我想，时光大概会移动吧，将旧的变新，将不见的变成回忆，让我们从一个习惯转移到另一个习惯里，年幼、年少、年老、逝去……

努力的人,还在披星戴月的路上

邱先生搭公交去上班,旁边坐着一个去美容馆上班的女孩,在别人无聊地玩着手机的时候,她翻开随身带的黑皮笔记本,上面写得密密麻麻,都是工作相关的知识。女孩旁若无人地背诵,邱先生记得有一段她背得很大声:"我为什么工作,我能不能做好这份工作,我有什么优点可以做好这些事情?"

邱先生时不时看看她手里的本子,心想:也许每一天都有比我们努力太多的人,他们藏在我们往返的途中。

邱先生不由自主地想起了自己的求职经历。

当时,邱先生才从学校象牙塔里走出来,再也不能心安理得地从父母那里拿生活费和救济粮。

但习惯了安逸生活的他能够做些什么呢?涉世未深的他,

甚至连一份正经工作都找不到。他不再大手大脚，有时候他想，一块钱要是能当十块钱花就好了。

在这样的条件下，经历困苦是必然的事，幸好他看得明白，努力是为自己求生存，是改变自己的生活。

不管以前的日子他怎么虚度，现在都要实实在在地下工夫，他实在不想再有饿到找不着北的体验。

邱先生曾同情过小区路口开馄饨馆的那对夫妻。他们坐在店里翘首以盼，希望外边能有人来用餐，可营业到很晚也没人光顾。

邱先生心里有些发酸，要是自己有份工作就好了，就可以在他们期盼的目光下走进去，大吃一顿。

可他拿什么去同情他们呢？

他也那么穷，想改变这一切，首先得有一份像样的工作。他开始写简历，绞尽脑汁地将优点全写上，在个人成就那栏，他恨不得将幼儿园得过多少朵小红花也写在上面，希望能为自己增加筹码。

可惜并没有什么用，还是无人问津。

所以，当熟人向他推荐房地产文案工作时，他迫切地想抓住这个机会。

面试地点在广州，邱先生火急火燎地买了去广州的高铁票。经过一晚上的忐忑，第二天一早，他带着简历和自己的作品去了这家公司。

面试邱先生的人事部经理是个40岁左右的女人，她一听是公司领导内推，脸不由得一黑，随手接过简历丢在一旁。

她漫不经心地问了邱先生几个问题，便将邱先生晾在一旁。

邱先生心知不妙，大热天里感觉如坠冰窟，看来世上并没有什么十拿九稳的事情。

在焦急的等待中，老板出来问女经理："这人怎么样？"

邱先生只听见她嘴了一下嘴："一般吧。"

邱先生早就看出女经理对自己抱有敌意，却不知道这敌意从何而来。

老板没多想，回过头吩咐邱先生："那你将简历跟作品拿给我看看吧。"

他心一紧，连忙说："我刚刚都给她了啊，在她那里。"

没想到女经理不认账了："我根本没收啊，你看我桌子上也没有。"

邱先生气急，又无从辩解，只好出去重新打印。

他知道这么一来二去，公司老板对自己的印象会变差，但也没有办法。他不知道那个女经理为什么针对自己，可人在屋檐下，尽力而为吧。

老板翻着邱先生跑得满头大汗才拿回来的简历，女经理在一旁提建议："我们还是测试一下他比较妥当。"

邱先生拿着纸和笔坐到一旁。

女经理冷着脸想了想："那你给我写一份活动策划的文案，尽快写，越快越好。"

她催得很急，似乎很上心的样子。邱先生只好动笔，只花十分钟就做好了活动策划文案，但十分钟时间能写出什么好文案呢，能写个及格的东西就不错了。

她估计是又要为难自己了吧，果然，事情不出邱先生所料。

她接过邱先生写好的文案随手放在一旁，去聊天、看电脑，就是不看他，将近一个小时过去，才去办公室拿给老板看。

她很快就出来了，又对他说："你再写篇文章吧，测试一下你的文笔，尽快写，越快越好。"

邱先生又花了不到十几分钟，写了近千字。

她照旧，一个小时以后再拿去给老板看。她再出来的时候，已经不皱眉黑脸了，风轻云淡地瞥了邱先生一眼。

她想让老板领会的意思再明显不过："这个人写了这么久，

写出来的文章就这样？也好意思来这儿应聘？"

邱先生知道没有了被录用的希望，还留在这里不过是等最后的章程。

女经理继续让邱先生等了半个小时，才跟他说："就这样吧，你回去等我们公司的通知。"

这句话他以前总在职场电视剧里看见，没想到今天会落在自己身上。

刚从公司出来，熟人就急忙给他打电话："怎么回事，对方说不满意你，说你文笔太差。"

邱先生心中一阵发苦。他没法解释，也不好解释。

第二天一早，邱先生准备离开，熟人告诉他，介绍给他的那个职位，女经理已经招到人了。原来邱先生前脚走，人家后脚就将自己的人给安排了进来。

邱先生握紧了拳头，在心中对自己狂喊："总有一天我会变得优秀，总有一天我的命运要由自己安排。再也不要叫别人把我呼来唤去，再也不要！再也不要！"

邱先生回到自己的城市后，去了当地报社实习。

为了采访到有价值的新闻，他每天都要在外面跑。因为是新来的，有些小采访，老记者不愿意去，事就落到他的身上。

因为工资低,他开始做兼职,帮别人写广告文案。

邱先生有自己的追求,他不想一直这样下去。

他思考再三,终于决定辞职,毕竟他要生存,急需获得这个城市的认同。

父母催促他赶紧找一份工作,他记不清自己多久没有回过家。

他顶着被责怪失业的压力,开始学习各种文案策划知识,看各种广告案例。

这一次他知道提高能力比获得小红花更加重要。

几个月后,邱先生又开始写简历,他得到了一次面试机会。

这一次的面试不是熟人介绍,也不是亲戚给予。

当时他应聘的是文案岗,在简历表上对自己的评价里,他写了这么一句话:"对文字敏感,就是字丑。"

虽然没有工作经验,可因为写文案和广告策划非常得心应手,邱先生被录用了。

这是非常适合他的职业,他可以开心地做自己喜欢的事。他很珍惜这个工作机会,公司规定每天9点上班,他8点就到,一大早就翻阅最新的广告文案讯息,学习怎么做创意,怎么定位目标客户。

工作才几天，邱先生就写好了公司的项目文案和广告策划。

老板看完内容后很开心："我觉得你不应该做文案。"

邱先生吃惊地问："为什么？"

老板说："感觉屈才了，你应该做公司企划。"

直到这一刻，邱先生才觉得自己的努力真正有了价值。

没多久，一家传媒公司的老板也跟邱先生说："你来我这儿工作吧，我开出的薪水比你现在的工资更高。"

好像，机会一下子全涌了出来。

原来生活会欺骗你，但你的汗水永远不会糊弄你。

熟人介绍的机会你可能会被刁难，亲戚介绍的工作也可能救不了火，但只要你不放弃，愿意去努力，终归能做到更好。

因为努力能实实在在地改变人生面临的窘境。

这世界有那么多人，他们每天早早地躺在床上发朋友圈，嚷嚷着自己很努力却没有成功。他们并不知道，那些真正努力的人，还在披星戴月的路上。